環状オリゴ糖シリーズ　5

γオリゴ糖の応用技術集

監修　寺尾 啓二

著者　上梶 友記子

目次

はじめに―3種類の環状オリゴ糖と包接作用―

3種類の環状オリゴ糖

オリゴ糖は、単糖（ブドウ糖）が2～10個結合したもので、その両端がつながり環状になったものが、環状オリゴ糖です。環状オリゴ糖はシクロデキストリン（CD）とも呼ばれ、天然にも存在しますが、工業的にはとうもろこしなどから取り出したデンプンにCD生成酵素を作用させて作られます。そして、酵素の種類の違いによって、αオリゴ糖、βオリゴ糖、γオリゴ糖の３種類ができます。

「αオリゴ糖」は６つのブドウ糖が環状につらなったもので、「βオリゴ糖」ではその数が７つ、「γオリゴ糖」では８つと、それぞれ環を構成するブドウ糖の数が異なります。

環状オリゴ糖は、フタと底のないカップのような立体的な３次元構造をしています（**図1**）[1]。

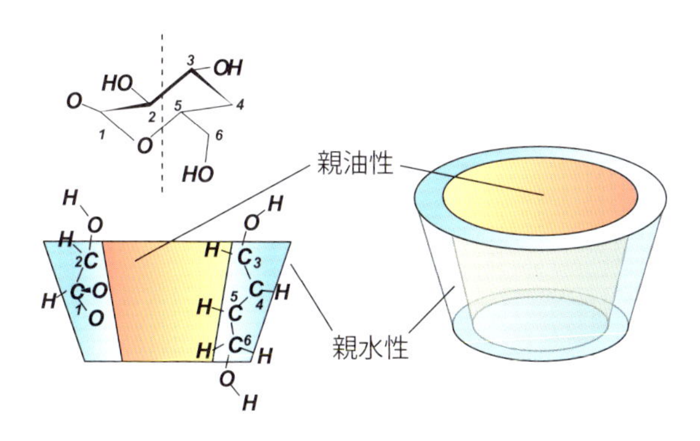

図1　環状オリゴ糖の模式図（引用文献1より改変）

その空洞の内径は、αオリゴ糖がいちばん小さく0.5～0.6ナノメートル（nm）、βオリゴ糖が0.7～0.8nm、γオリゴ糖が0.9～1.0nmとなっています（※1nm＝10億分の1m）。そして、この環状オリゴ糖の空洞内は親油性（油に溶けやすい）、外側は親水性（水に溶けやすい）という、たいへん特異な性質をもちます。

包接作用とそれに伴った機能

環状オリゴ糖は、その空洞の中に、様々な分子を取り込み、そのまま空洞内に保持する性質をもっています。この現象を､｢包接」といいます（包接される側をゲスト分子といいます)。フタと底のないカップ状であっても、包接した分子が飛び出さないのは、包接した分子との間に、分子間力など各種の相互作用が働くためです。その意味で、環状オリゴ糖は、“分子サイズ（ナノサイズ）のカプセル”、すなわち、“世界でいちばん小さなカプセル”といえます。

環状オリゴ糖ならびにその化学修飾体は、この包接作用とゆっくり解離する徐放作用を介して様々な機能を発揮し（**図2**)、現在、食品、医薬品、家庭用品など、いろいろな分野で利用されています。

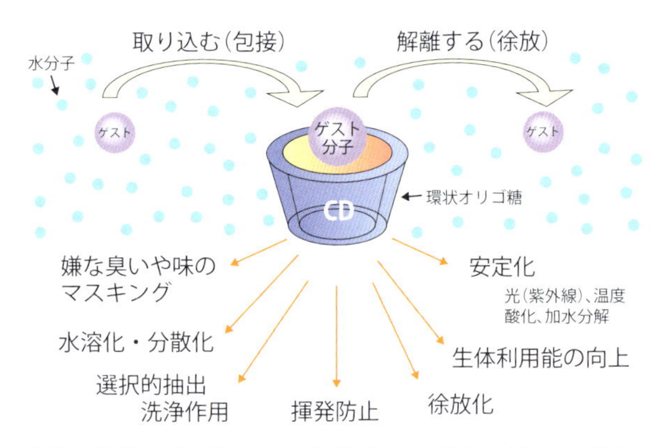

図2　環状オリゴ糖による包接作用とそれに伴った機能

世界における環状オリゴ糖の安全性評価

日本では､｢環状オリゴ糖は天然にも存在するから安心」という判断基準のもと、α、β、γの３種すべてに対して、食品への添加に対する使用制限はありません。

一方、日本以外については、αオリゴ糖とγオリゴ糖は「使用に制限なし」、βオリゴ糖は、血液中の赤血球を壊す溶血作用や腎臓障害を引き起こす可能性が報告されていることから､｢使用に若干制限あり」というのが、世界的な安全性評価の概要といえます（**表1**)[1]。

表1　各種環状オリゴ糖の食品への利用に関する世界の安全性評価

環状オリゴ糖の種類	JECFA (WHO/FAO)	日本	US	EU
αオリゴ糖	一日許容摂取量 (ADI)：特定せず	使用可 (既存添加物)	GRAS 認可 (広範囲用途)	使用可 (新規食品)
βオリゴ糖	一日許容摂取量 (ADI)：0-5mg/kg/日	使用可 (既存添加物)	GRAS 認可 (食品香料担体として)	使用可 (加工助剤として)
γオリゴ糖	一日許容摂取量 (ADI)：特定せず	使用可 (既存添加物)	GRAS 認可 (広範囲用途)	使用可 (新規食品)

（引用文献1より改変）

機能性成分の環状オリゴ糖包接体の開発検討法

機能性成分の中には、化学的に不安定であったり、難水溶性であったりするため、十分な生体利用能やその先にある生体活性を発揮できないものが数多く存在します。例えば、ヒトケミカル（ヒトの生体内で作られている生体を維持するための機能性成分）であるR-αリポ酸やコエンザイムQ10は高い機能性を有していますが、R-αリポ酸は胃酸安定性が低いために、コエンザイムQ10は水や腸液に対する溶解性が低いために、いずれも生体利用能が低く、サプリメントとして摂取しても、それぞれ成分本来の生体活性が発揮されにくい問題を抱えています。

これらの問題解決の手段として、環状オリゴ糖による包接化技術があります。**図3**は環状オリゴ糖による生体利用能の低い機能性成分の包接化技術の検討についてフローチャートでわかりやすく示したものです。

最初に、安定性や水溶性に問題がある機能性成分を環状オリゴ糖で包接化させた、いわゆる包接体粉末を調製します。そうして得られた包接体の生体利用能の評価をする上で、動物やヒトで生体利用能を検討できればよいのですが、これらの検討には多大な費用と時間を要します。一方、環状オリゴ糖の主な機能は安定性や溶解性の改善ですので、生体利用能を評価するためのツールとして用いられている人工胃液に対する安定性評価法や人工腸液に対する溶解性評価法がより簡便な方法として利用できます。なお、これらの評価結果と実際の動物やヒトでの吸収性試験（生体利用能）には相関があることが、これまで数多くの研究によって確認されています。

本書の目的

本書では、機能性食品素材の問題解決のために環状オリゴ糖を利用した包接体や複合体などの粉末のことを、わかりやすい言葉で『αオリゴパウダー』もしくは『γオリゴパウダー』と呼ぶことにしました[2,3]。

本書を通じて、γオリゴ糖による機能性成分の生体利用能の改善効果に関する検討例をはじめ、機能性成分の安定化に伴う味覚や臭気の改善作用、γオリゴ糖自身の機能性としてグルコースの徐放特性など、バラエティーに富んだ応用について紹介します。これらの知見が研究や開発に携わる皆様の発想や検討の一助となれば幸いです。

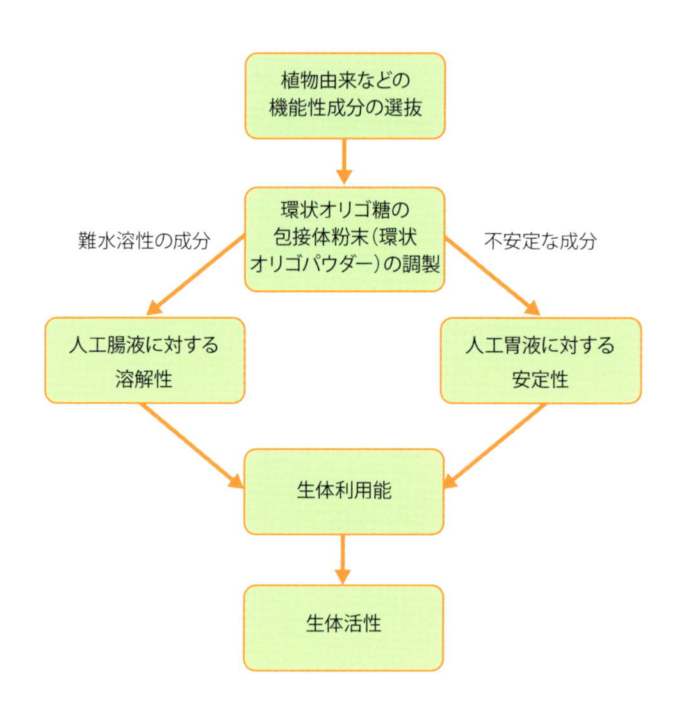

図3　機能性成分の環状オリゴパウダーの開発法フローチャート

引用文献

1）寺尾啓二ら, *スーパー難消化性デキストリン"αオリゴ糖"*, (2017).
2）寺尾啓二, *αオリゴパウダー入門*, (2016).
3）寺尾啓二, *マヌカαオリゴパウダーのちから*, (2016).

1. γオリゴ糖による機能性成分の吸収性改善

（1）胆汁酸による吸収性改善のメカニズムおよび他の界面活性剤での可溶化

一般的に、摂取された脂溶性物質は腸内で胆汁酸ミセルに取り込まれて体内に吸収されます。これまでの研究から、脂溶性物質がγオリゴ糖に包接されると非常に効率良く分子レベルで胆汁酸ミセルへ取り込まれ、経口吸収性も向上することが明らかとなっています。ここでは、コエンザイムQ10（CoQ10）を例に挙げ、そのメカニズムについてご紹介します。

胆汁酸の働き

CoQ10γオリゴパウダーは水に高分散するものの、その溶解度はCoQ10原末とほとんど変わっていません。それにも関わらず、CoQ10γオリゴパウダーを単回経口摂取した場合に、CoQ10の吸収性が飛躍的に向上する結果が得られています。何故、吸収性が高まったのでしょうか？その理由について検証するために、腸管内において界面活性剤として働いている胆汁酸に着目しました。

CoQ10γオリゴパウダーに胆汁酸の主成分の一つであるタウロコール酸ナトリウム（TCNa）と水を添加し、懸濁液を調製しました。この水溶液中のCoQ10濃度を定量したところ、CoQ10原末やCoQ10γオリゴパウダー単独に比べて極めて高い溶解度を示しました（**図1**）[1, 2)]。また、乳化剤を使用した“水溶性CoQ10”と比較しても顕著に高い溶解度を示し、CoQ10の吸収性向上には胆汁酸が関与していることが示唆されました。

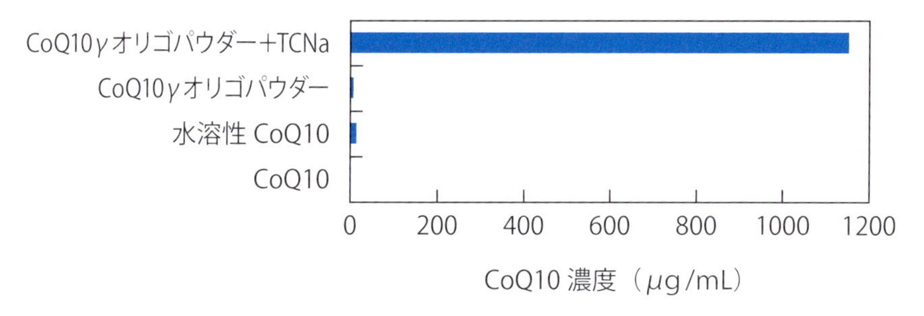

図1　各種製剤の水へのCoQ10溶解度（引用文献1, 2より改変）

肌への取り込み

CoQ10をγオリゴ糖で包接化することによって、胆汁酸存在下でCoQ10の溶解度が上昇し、経口吸収性が向上する機構を化粧品にも応用できないか検討しました。TCNaに代わる界面活性剤を探索したところ、抗炎症作用があり医薬品や化粧品に広く使用されているグリチルリチン酸ジカリウム（GZK_2）でCoQ10の可溶化効果が高いことが分かりました。そこで、ヒト正常表皮細胞を重層培養したヒト3次元培養表皮モデルを用いてCoQ10の取り込み量を測定しました。その結果、CoQ10γオリゴパウダーにGZK_2を添加すると、市販のCoQ10化粧品やCoQ10リポソーム製剤と比較して表皮組織へのCoQ10の取り込み量が大きく向上することが分かりました（**図2**）[1,2]。

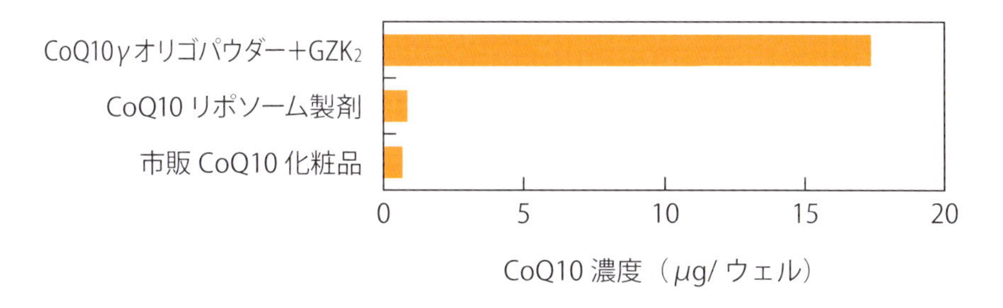

図2　表皮組織へのCoQ10の取り込み量（引用文献1, 2より改変）

肌浸透性向上のメカニズム

GZK_2は疎水性のトリテルペノイド骨格に親水性のジグルクロン酸が結合した構造を有し、界面活性剤として作用します。CoQ10γオリゴパウダーの水分散液にGZK_2を添加すると、GZK_2はγオリゴ糖との結合定数がCoQ10よりも大きいためゲスト分子の入れ替わりが起こり、GZK_2の疎水性部位がγオリゴ糖の空洞に包接されます。γオリゴ糖から解離したCoQ10は水溶液に存在するGZK_2のミセルに取り囲まれ、数ナノメートルサイズの分子ミセル構造を形成すると考えられています。この分子ミセル形成によってCoQ10の溶解度は大きく向上し、その結果、表皮組織への取り込み量が大幅に向上したものと推察しています。

吸収性向上のメカニズム

CoQ10γオリゴパウダーの経口吸収性が高い理由についても、同様に説明できます。一般的な乳化剤を用いた"水溶性CoQ10"に含まれているのは、直径100 nm以上のCoQ10凝集体をミセル化したものです。一方、CoQ10γオリゴパウダーはCoQ10分子を1分子レベルでミセル化しているため、CoQ10凝集体をミセル化したものと比較して粒径が非常に小さくなります。

経口摂取したCoQ10γオリゴパウダーが腸管に到達すると、TCNaをはじめとした胆汁酸の分子が前述のGZK_2と同様の働きによって、ゲスト分子であるCoQ10と入れ替わります。腸管内ではCoQ10の1分子1分子が胆汁酸との分子ミセルを形成し、その結果、効率良く体内に吸収され、経口吸収性が高まったものと考えられます（**図3**）[1, 2]。

図3　吸収性向上のメカニズム（引用文献1, 2より改変）

応用例1

ここではCoQ10γオリゴパウダーを溶かすための界面活性剤として、TCNaおよびGZK_2を紹介しました。これらの成分は、①γオリゴ糖に作用するエフェクターになる、②脂溶性物質を水溶化するためのミセルを形成できる、といった特徴を有しています。そこで、**表1**に示すラカンカやギムネマ、グリセリン脂肪酸エステルを用いて2成分系における可溶化について検討しました。その結果、1成分系と同様にCoQ10γオリゴパウダーを用いた場合でのみ、可溶化できることが確認されました[3)]。これは他の脂溶性物質にも応用が可能です。

表1　CoQ10γオリゴパウダーの可溶化方法

	2成分系	1成分系
エフェクター	ラカンカ もしくは ギムネマ	TCNa もしくは GZK_2
ミセル	グリセリン脂肪酸エステル	

応用例2

グリセリン脂肪酸エステルと還元剤であるビタミンCを用いることでCoQ10γオリゴパウダーを水に溶解し、更に酸化型CoQ10から還元型CoQ10に変換することも可能です（**図4**）[4)]。これはCoQ10が分子ミセルを形成することで水への溶解度が向上し、還元剤との反応性が高まったためと考えられます。

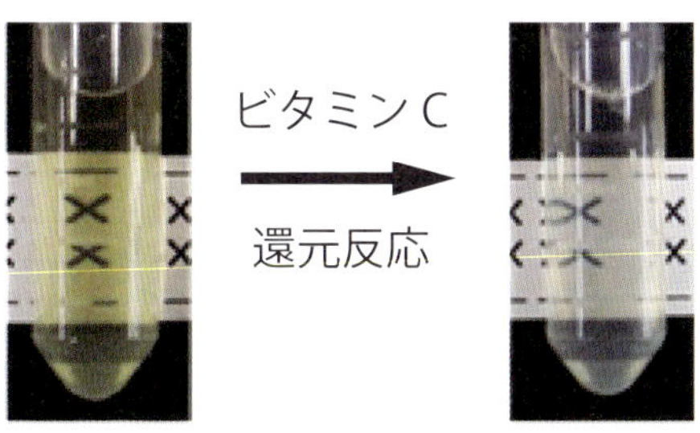

図4　ビタミンCによる酸化型CoQ10から還元型CoQ10への変換

引用文献

1）　生田直子ら, *応用糖質科学*, 3(2), 166 (2013).
2）　Y. Uekaji et al., *Bio-Nanotechnology: A Revolution in Food, Biomedical and Health Sciences*, 179 (2013).
3）　大西麻由ら, *第29回シクロデキストリンシンポジウム講演要旨集*, 206 (2012).
4）　上梶友記子ら, *第33回シクロデキストリンシンポジウム講演要旨集*, 120 (2016).

(2) コエンザイムQ10の吸収性改善と機能性

コエンザイムQ10とは

コエンザイムQ10（CoQ10）は生体内に存在する補酵素で、健康維持のために重要な働きを担っています（**図1**）。CoQ10はミトコンドリアの電子伝達系においてATP合成に関わる重要な成分です。エネルギーの産生を促し、細胞を活性化する効果や、強力な抗酸化作用を有することで活性酸素を除去する効果が知られています。しかしながら、その生合成能力は20歳前後から急激に低下してしまいます。食事のみでは不足したCoQ10を補うことは困難であり、サプリメントで摂取する必要があります。

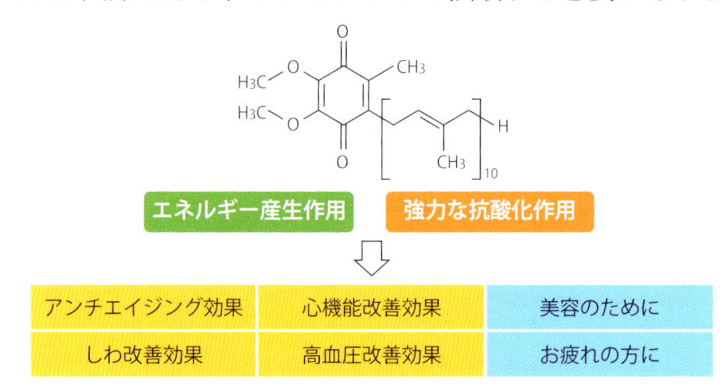

図1　CoQ10の分子構造および訴求点

問題点と開発の目的

CoQ10は脂溶性物質のため水溶性が低く、それが体内への吸収性の低さに影響していると考えられています。そこで、CoQ10の水溶性改善や生体内への吸収性向上を目的として、CoQ10γオリゴパウダーを開発しました。

本技術の原理と検討

CoQ10はγオリゴ糖の空洞にフィットする分子構造をしており、包接されたCoQ10は安定性や溶解性、吸収性が向上する性質を示します。また、吸収性の向上に伴い、本来CoQ10が有している機能性の向上も期待できます。

吸収性の向上

CoQ10γオリゴパウダーを被験食品、CoQ10-微結晶セルロース混合物を対照食品として単回摂取における吸収性試験を行いました。被験者は医薬品を服用していない健常な男女22名を対象としました。被験食品あるいは対照食品をCoQ10として30 mgずつ単回摂食してもらい、摂食前および摂食後1、2、3、4、6、8、24、48時間後に採血を行い、血漿中のCoQ10濃度を測定しました。

その結果、γオリゴ糖で包接することによってCoQ10の吸収性（C_{max}）が有意に上昇すると共に、高い持続性（$T_{1/2}$）を示すことも確認されました（**図2**）[1]。

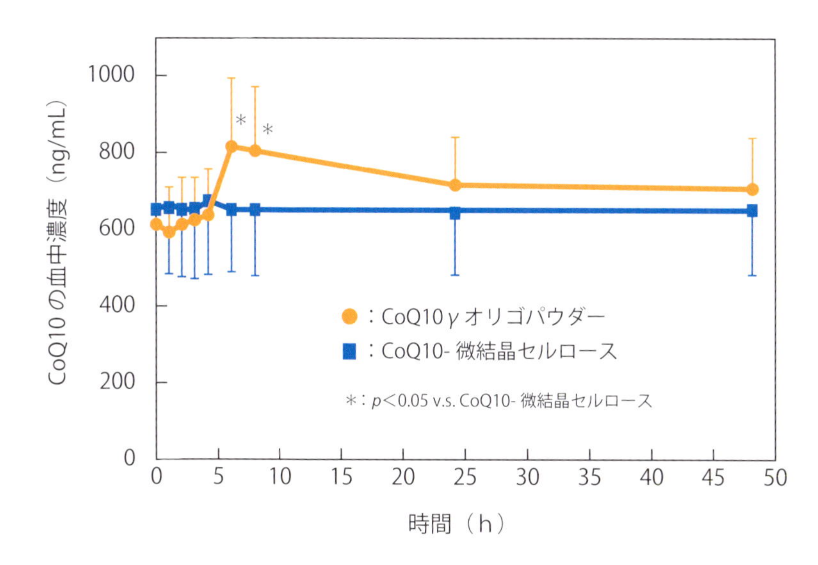

	C_{max} (ng/mL)	$AUC_{0 \to 48h}$ (ng・h/mL)	$T_{1/2}$ (h)
CoQ10γオリゴパウダー	875.5	34811.8	38.0
CoQ10-微結晶セルロース	723.0	31221.8	—

図2　単回摂取後のCoQ10の血中濃度の推移

（n=22, mean±S.D.）（引用文献1より改変）

肌の改善効果

経口吸収性を高めたCoQ10γオリゴパウダーを摂取することによる肌の状態（シワ、キメ、弾力性）の改善効果を検討しました。30～60歳の喫煙者の中から、喫煙頻度（10～20本/日）や目尻のシワ、低い皮膚水分量などの条件を満たした、男女9名ずつの計18名を抽出しました。被験食品はCoQ10γオリゴパウダーをCoQ10として30 mg/日、6週間摂取してもらいました。試験開始前と摂取3週間後および6週間後に、肌の状態、尿中の8-OHdG濃度などを測定しました。

その結果、CoQ10γオリゴパウダーを継続摂取することによって、シワ個数は摂取前と比べて有意に低値を示し、キメ体積率や皮膚弾力性（戻り率）は摂取前と比べて有意に高値を示すことが確認されました[2)]。シワとキメの変化については、代表的な画像を**図3**に示しました。また、8-OHdG濃度も有意に減少することが確認されました。これらの結果から、CoQ10γオリゴパウダーを継続摂取することによって、持続的に血中CoQ10濃度が高まり、抗酸化作用が向上し、酸化ダメージの強い喫煙者の皮膚においては肌質が顕著に改善することが分かりました。

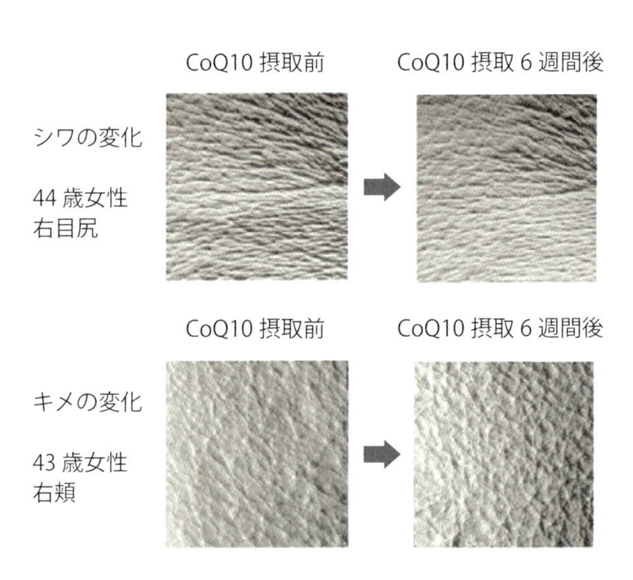

図3　CoQ10摂取前と摂取6週間後におけるシワ（上）とキメ（下）の変化（引用文献2より改変）

持久力の向上

日頃から運動をしている健常な20 ～ 30代の男女32名の被験者を対象に、無作為に1群16名のグループに分け、それぞれCoQ10（100 mg）とCoQ10 γオリゴパウダー 100 mg（CoQ10として20 mg）を1 ヵ月間摂取してもらい、摂取前後における各被験者の最高心拍数の75 %に相当する酸素摂取量（VO_2 @75%HR_{max}）を持久力の指標として測定しました。

その結果、VO_2 @75%HR_{max}の上昇率はCoQ10摂取群では0.3 %であったのに対し、CoQ10 γオリゴパウダー摂取群ではCoQ10摂取量が5分の1にも関わらず3.75 %となり、持久力の向上が確認されました（**図4**）[3]。CoQ10 γオリゴパウダーは、スポーツニュートリションとして持久力向上や疲労回復を示すサプリメントやドリンクなどの開発に有用であることが示されました。

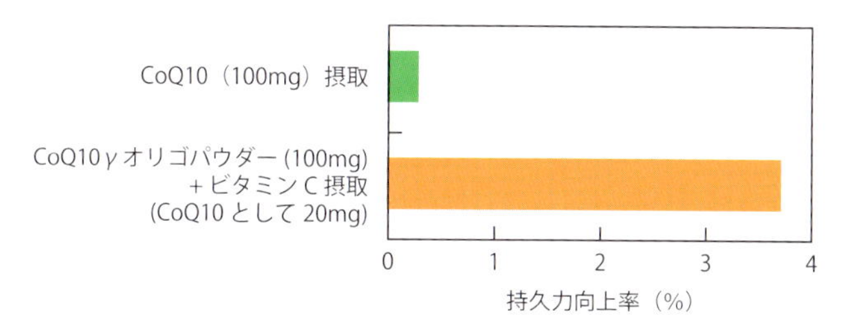

図4　CoQ10摂取によるVO_2 @75%HR_{max}の上昇率
（持久力向上率）（引用文献3より改変）

参考情報

CoQ10のイソプレノイド部位は熱や酸素に対して不安定ですが、γオリゴ糖で包接することによって安定性が向上することが確認されています[4]。しかしながら、光や求核性物質に対する改善効果は低いため、それらから保護できる商品設計や包装形態が必要になります。

引用文献

1） K. Terao et al., *Nutr. Res.*, 26 (10), 503 (2006).
2） Y. Uekaji et al., *Bio-Nanotechnology: A Revolution in Food, Biomedical and Health Sciences*, 179 (2013).
3） 寺尾啓二ら, *食品と開発*, 47 (8), 80 (2012).
4） 上梶友記子ら, *食品機能性成分の安定化技術*, 31 (2016).

(3) 還元型コエンザイムQ10の安定化と吸収性改善

還元型コエンザイムQ10とは

コエンザイムQ10（CoQ10）は生体内において酸化型CoQ10（ユビキノン）と還元型CoQ10（ユビキノール）（**図1**）として存在し、何れのCoQ10も健康維持のために重要な働きを担っています。特に、還元型CoQ10は強い抗酸化作用を持っていますので[1)]、摂取することで体内の抗酸化活性を効果的に高めることが可能となります。その結果、虚血再灌流障害や動脈硬化・再狭窄の防止、糖尿病合併症の予防など、多くの疾患に対して幅広い効果が期待されています。

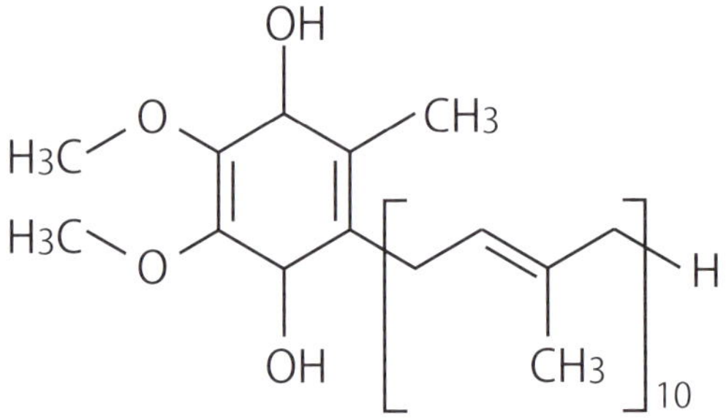

図1　還元型CoQ10の分子構造

問題点と開発の目的

還元型CoQ10は空気に触れると自動酸化が進む、極めて不安定な物質で、取り扱いが困難であることが最大の問題点です。また、酸化型CoQ10と同様に脂溶性物質であるために、経口摂取時の吸収性が乏しいことも問題とされています。

そこで、還元型CoQ10の酸素に対する安定化と生体内への吸収性向上を目的として、還元型CoQ10γオリゴパウダーを作製し、その酸化安定性と人工腸液への溶解性を評価しました。

本技術の原理と検討

還元型CoQ10は酸化型CoQ10と同様にγオリゴ糖の空洞にフィットする分子構造をしており、包接された還元型CoQ10は酸化安定性や溶解性、吸収性が向上する性質を示します。

室温・空気中に静置した際の酸化安定性を調べたところ、還元型CoQ10 γオリゴパウダーは未包接の還元型CoQ10と比較して、酸化型CoQ10への変換を抑制して還元型CoQ10の比率を高い状態で維持できることが確認されました（**図2 左**）[2)]。また、人工腸液に対する溶解性を調べたところ、還元型CoQ10 γオリゴパウダーは未包接の還元型CoQ10と比較して、高い溶解性を示すことが確認されました（**図2 右**）。このことから、還元型CoQ10 γオリゴパウダーを摂取することで還元型CoQ10の生体吸収性が向上する可能性が示唆されました。

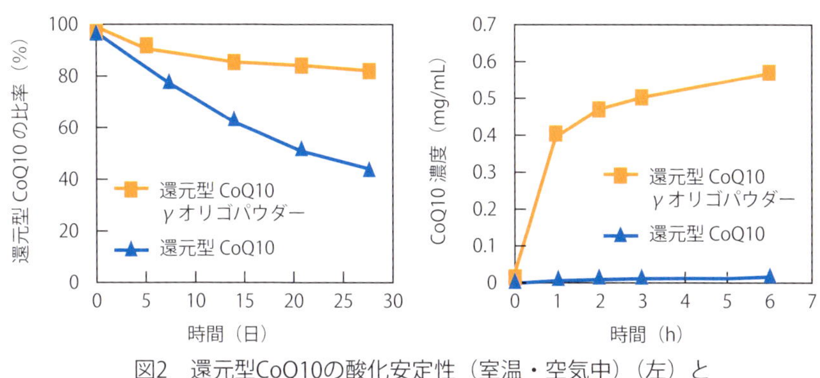

図2　還元型CoQ10の酸化安定性（室温・空気中）（左）と
人工腸液に対する溶解性（右）（引用文献2より改変）

参考情報

還元型CoQ10 γオリゴパウダーの人工腸液への溶解性は、酸化型CoQ10 γオリゴパウダーよりも高いことが確認されています。そのため、経口摂取した際の還元型CoQ10の吸収性も酸化型CoQ10より向上することが期待されます。

引用文献

1）　B. Frei et al., *Proc. Nati. Acad. Sci. USA*, 87 (12), 4879 (1990).

2）　上梶友記子ら, *第35回シクロデキストリンシンポジウム講演要旨集*, 168 (2017).

(4) ウルソール酸の吸収性改善と苦丁茶抽出物の苦味低減

ウルソール酸とは

ウルソール酸（**図1**）はリンゴ、ラフランス、プルーンなどの果皮や、ローズマリーなどのハーブの葉に含有されている機能性トリテルペンです。健康茶として知られる苦丁茶にも、ウルソール酸が含まれています。

ウルソール酸は筋肉増強作用、血糖値上昇抑制作用、抗炎症作用、コラーゲンの再構築といった種々の生理活性を示すことから、健康食品分野において非常に魅力的な素材とされています。

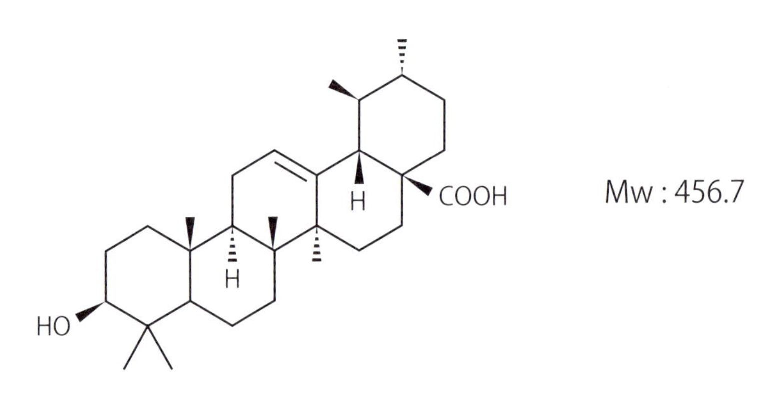

図1　ウルソール酸の分子構造

ウルソール酸の問題点

ウルソール酸は水溶性が低く、体内への吸収性も低い化合物です。

そこで、γオリゴ糖の包接によるウルソール酸の吸収性への効果を検討しました。

本技術の原理と検討

一般的に、摂取された脂溶性物質は腸内で胆汁酸ミセルに取り込まれて体内に吸収されますが、脂溶性が高い場合、分子同士が凝集して吸収効率が低いという問題があります。しかし、脂溶性物質のγオリゴパウダーを摂取すると腸液内において、γオリゴ糖から解離した脂溶性物質は1分子ずつ効率良く胆汁酸ミセルへ取り込まれ、吸収性が向上することが明らかとなっています。

ウルソール酸はγオリゴ糖の空洞にフィットする分子構造をしていますので、ウルソール酸γオリゴパウダーを摂取した場合も他の脂溶性物質と同様に吸収性が向上することが期待できます。

そこで、SDラットにウルソール酸またはウルソール酸γオリゴパウダーを経口投与し、0、1、2、4、6時間後の血漿中のウルソール酸濃度を測定しました。その結果、ウルソール酸と比較してウルソール酸γオリゴパウダーで血漿中のウルソール酸濃度が高くなりました（**図2**）。このことから、γオリゴ糖がウルソール酸の吸収性を向上させることが分かりました。

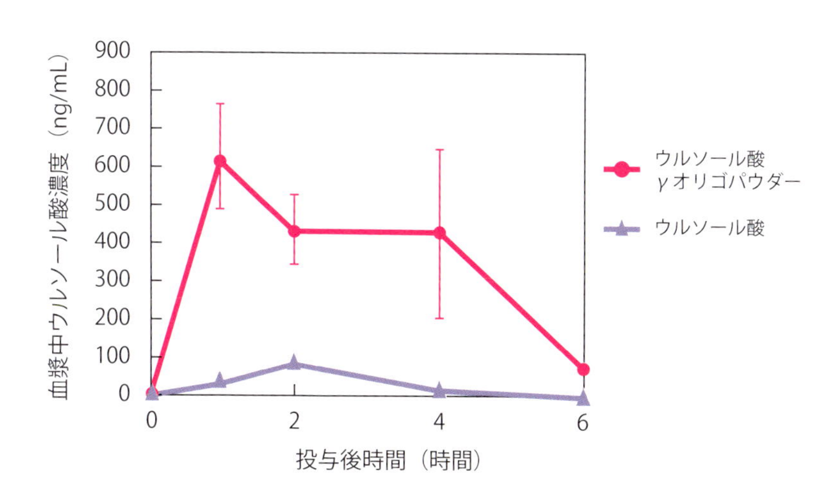

図2　γオリゴ糖によるウルソール酸の吸収性の向上

苦丁茶とは

苦丁茶は主にモチノキ科の植物から作られる茶外茶で、中国南部にてよく飲用されています。
苦丁茶の葉にはウルソール酸をはじめとした様々な機能性トリテルペンが豊富に含まれており、健康茶として注目を集めています。

苦丁茶の効能には、次のようなものが挙げられます。

・体重低減
・脂質低減
・血糖値低減
・抗酸化活性
・抗動脈硬化
・血小板凝集抑制
・脂質異常症の改善
・代謝障害の防止

苦丁茶の問題点と開発の目的

苦丁茶はその名の通り非常に強い苦味を特徴としています。また、前述のようにウルソール酸は水溶性が低いことから、一般的な苦丁茶の飲用方法ではウルソール酸はほとんど抽出されません。

苦丁茶の苦味はトリテルペンサポニンに由来し、これらはγオリゴ糖と相性が良い物質です。そこで、ウルソール酸を含有する苦丁茶抽出物を作製し、苦丁茶抽出物の苦味のマスキングとウルソール酸の吸収性向上を目的として、γオリゴ糖を利用した苦丁茶抽出物γオリゴパウダーを開発しました。

本技術に関する検討

γオリゴ糖による苦丁茶抽出物の苦味への影響について検討した結果を**図3**に示します。苦丁茶抽出物または苦丁茶抽出物γオリゴパウダーの苦味を味覚試験にて評価した結果、γオリゴ糖が効果的に苦丁茶抽出物の苦味をマスキングすることが分かりました。

図4は、生体吸収性の指標となる人工腸液における苦丁茶抽出物中のウルソール酸の溶解性について調べたものです。人工腸液に苦丁茶抽出物または苦丁茶抽出物γオリゴパウダーを加えた結果、γオリゴ糖が効果的に苦丁茶抽出物中のウルソール酸の溶解性を向上させることが分かりました。

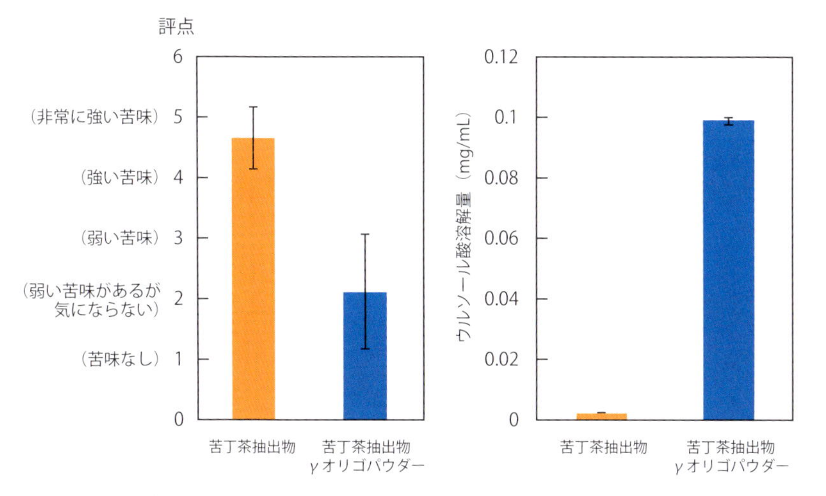

図3 γオリゴ糖による苦丁茶抽出物の苦味への影響

図4 γオリゴ糖による苦丁茶抽出物中ウルソール酸の溶解度への影響

応用例や参考情報

苦丁茶抽出物γオリゴパウダーは、苦丁茶抽出物の苦味がマスキングされており、飲みやすい粉末として利用することができます。また、ウルソール酸は様々な健康増進作用を有していますので、ウルソール酸の生体吸収性の高い苦丁茶抽出物γオリゴパウダーは、新たなサプリメントやドリンクの開発にご利用いただけます。

(5) クルクミンの吸収性改善

クルクミンとは

クルクミン（CUR）（**図1**）は、カレーに使われる主要なスパイスであるウコンに含まれるポリフェノールの一種で、胆汁の分泌を促進させ、肝臓の解毒機能を強化し、二日酔いを防止するなどの効果が知られています。さらに、抗酸化作用、抗炎症作用、肝機能改善作用、抗がん作用および抗アルツハイマー作用など、様々な健康機能が報告されており、ドリンク剤や健康食品としても利用されています[1]。

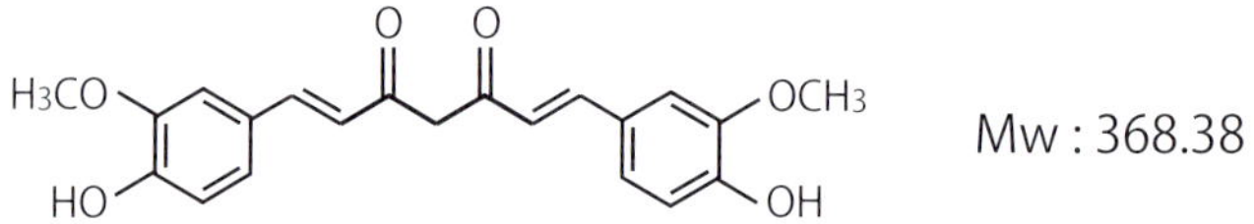

H_3CO　O　O　OCH_3
HO　OH

Mw : 368.38

図1　CURの分子構造

CURの問題点

近年、CURを含む様々な機能性食品が開発されていますが、CURは難水溶性であることから、吸収性の改善が課題となっています。

本技術の原理と検討

γオリゴ糖は包接作用を利用して難水溶性の成分の吸収性を向上できることから[2]、γオリゴ糖を用いた高い吸収性を有する新たなCUR製品を開発しました。

CURγオリゴパウダーを作製し、吸収性の指標となる人工腸液におけるCURγオリゴパウダー中のCURの溶解度について調べました（**図2**）。その結果、人工腸液中において、CUR単独の場合と比較してCURγオリゴパウダーの場合で高いCURの溶解度が示されました[3]。

また、実際にCURγオリゴパウダーを用いたヒトでの経口吸収性について報告されています[4]。CUR原末および市販の吸収性の高いとされるCUR製剤を摂取した場合と比較して、CURγオリゴパウダーを摂取した場合でより高い血中CUR濃度が示されました（**図3**）。

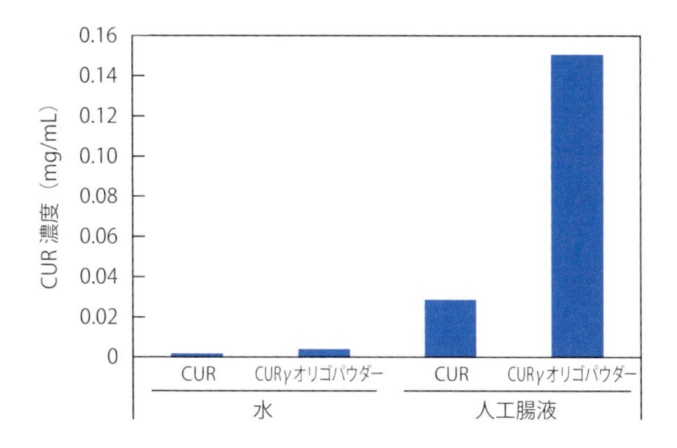

図2　人工腸液に対するCURγオリゴパウダーの溶解度（引用文献3より改変）

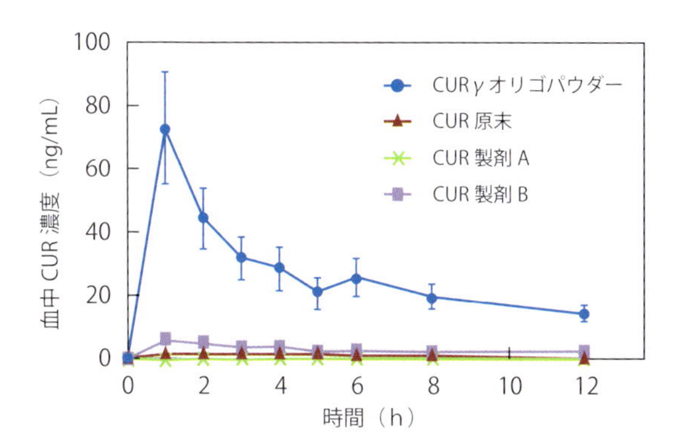

図3　CURγオリゴパウダー摂取後の血中CUR濃度（引用文献4より改変）

応用例や参考情報

CURγオリゴパウダーは、吸収性の高いCUR素材として新たなサプリメントやドリンクなどの開発にご利用いただけます。

引用文献

1）寺尾啓二, *αオリゴパウダー入門*, 28 (2016).

2）Y. Uekaji et al., *Bio-Nanotechnology: A Revolution in Food, Biomedical and Health Sciences*, 179 (2013).

3）中田大介ら, *第34回シクロデキストリンシンポジウム講演要旨集*, 298 (2017).

4）M. Purpura et al., *Eur. J. Nutr.*, 57 (3), 929 (2018).

(6) テトラヒドロクルクミンの吸収性改善

テトラヒドロクルクミンとは

テトラヒドロクルクミン（THC）（**図1**）は、クルクミンと比べて強い抗酸化作用を示すことが知られています。また、抗酸化作用以外にも、抗がん作用、肝臓保護作用、抗糖尿病作用、抗糖化作用および脂質代謝異常症に対する作用といった様々な健康機能が見出されています[1)]。

O　O
H_3CO　OCH_3
HO　OH
Mw : 372.41

図1　THCの分子構造

THCの問題点と開発の目的

THCはクルクミンと同様に水溶性が低いことから、経口吸収性の低い物質です。

そこで、THCの経口吸収性の向上を目的として、THCをγオリゴ糖に包接させたTHCγオリゴパウダーを開発しました。

本技術の原理と検討

一般的にγオリゴ糖を用いることで、脂溶性成分の腸管内での水溶性を向上させ、吸収性を向上させることが可能です（**図2**）[2, 3)]。

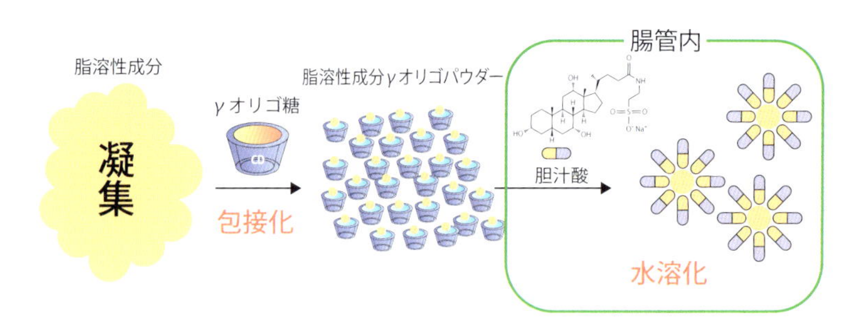

図2　γオリゴ糖による脂溶性成分の可溶化（引用文献3より改変）

THCγオリゴパウダーを作成し、吸収性の指標となる人工腸液におけるTHCの溶解度について検討しました（**図3**）。その結果、人工腸液中において、THC単独の場合と比較してTHCγオリゴパウダーの場合で約8.3倍高いTHCの溶解度が示されました[4)]。

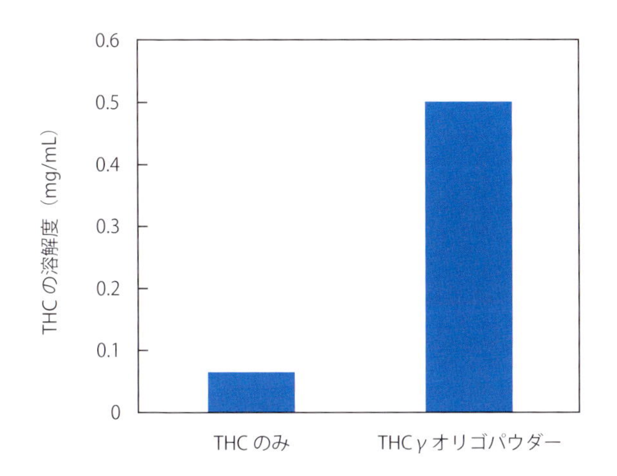

図3　人工腸液におけるTHCγオリゴパウダーの溶解度（引用文献4より改変）

応用例や参考情報

γオリゴ糖による脂溶性成分の吸収性向上技術により、THCの経口吸収性の向上が期待できる結果が得られました。γオリゴ糖を用いることで、他の吸収性の低い機能性素材に対しても同様の効果が期待できることから、γオリゴ糖は吸収性を高めた新たなサプリメントやドリンクなどの開発に役立つツールとしてご利用いただけます。

引用文献

1）　M. Majeed, *FOOD STYLE 21*, 15 (8), 24 (2011).

2）　Y. Uekaji et al., *Bio-Nanotechnology: A Revolution in Food, Biomedical and Health Sciences*, 179 (2013).

3）　木村円香ら, *第35回シクロデキストリンシンポジウム講演要旨集*, 42 (2018).

4）　佐藤慶太ら, *第33回シクロデキストリンシンポジウム講演要旨集*, 264 (2016).

（7）δトコトリエノールの吸収性改善

δトコトリエノールとは

トコトリエノール（**図1**）はトコフェロールと合わせてビタミンEと呼ばれ、それぞれ化学構造の異なる4つの類似体で構成されています。トコトリエノールはトコフェロールよりも抗酸化能が高く[1)]、さらにアナトー由来のトコトリエノールは、4つの類似体の中でも最も抗酸化能の高いδトコトリエノールを高濃度に含んでいることが大きな特徴です。

δトコトリエノールは、抗酸化作用、抗がん作用、脂質異常症改善作用などを有し、線虫においては寿命延長効果を示したことも報告されています[2)]。

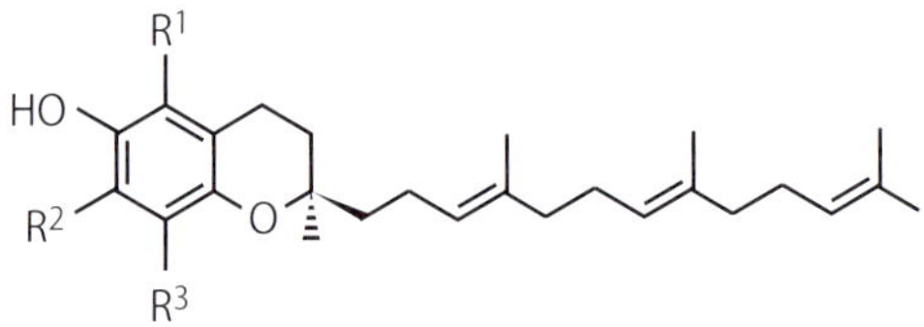

類似体	R^1	R^2	R^3
α	CH_3	CH_3	CH_3
β	CH_3	H	CH_3
γ	H	CH_3	CH_3
δ	H	H	CH_3

図1　トコトリエノールの分子構造

δトコトリエノールの問題点と開発の目的

δトコトリエノールは光や熱、酸素などに対して不安定であり、また水溶性が低いために生体利用能が低いことが問題です。

そこで、δトコトリエノールの水溶性改善と生体吸収性向上を目的として、γオリゴ糖を利用したδトコトリエノールγオリゴパウダーを開発しました。

本技術の原理と検討

δトコトリエノールはγオリゴ糖の空洞にフィットする分子構造をしており、包接されたδトコトリエノールの溶解度が向上することが見出されています。

各種環状オリゴ糖に包接されたδトコトリエノールの食後人工腸液に対する溶解度を検討した結果を**図2**に示しています。環状オリゴ糖の種類によってδトコトリエノールの溶解度は異なり、γオリゴ糖を用いて調製したγオリゴパウダーが最も高い溶解度を示しました。このことから、未包接と比較して、γオリゴパウダーを摂取することでδトコトリエノールの生体吸収性が向上する可能性が示唆されました。

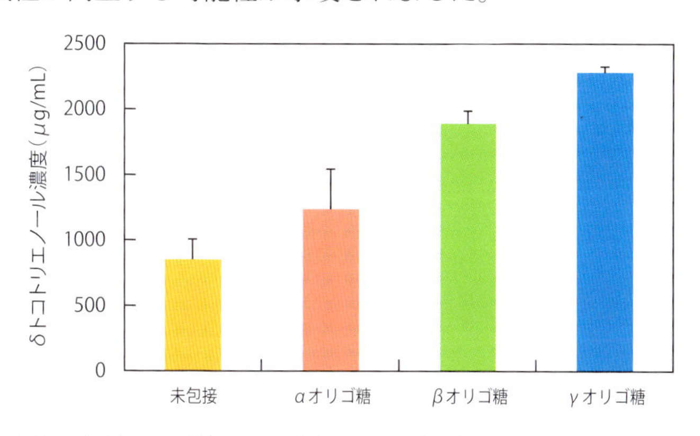

図2　環状オリゴ糖による食後人工腸液に対する溶解性への影響

参考情報

市販されているトコトリエノール原料にはパームや米ぬかが多く用いられていますが、これらにはトコトリエノールの血中コレステロール値低下効果を低減させてしまうαトコフェロールが含まれています。しかし、δトコトリエノールγオリゴパウダーにはαトコフェロールを含まないアナトーを原料として使用しているため、トコトリエノールの効果が低減することはありません。

引用文献

1）K.H. Wagner et al., *Eur. J. Lipid Sci. Technol.*, 103 (11), 746 (2001).

2）N. Kashima et al., *Biogerontology*, 13 (3), 337 (2012).

(8) プロポリスの特性改善と生体利用能の向上

プロポリスとは

プロポリスは、種々の生理活性を示すことから、健康食品分野における非常に魅力的な素材として広く用いられています。中でもニュージーランド産プロポリスは抗がん活性など多様な生理活性を示す化合物として知られているコーヒー酸フェネチル（CAPE）を特徴的に含んでいます（**図1**）[1)]。

プロポリスの効能には、次のようなものが挙げられます。

・抗菌効果
・抗ウィルス効果
・抗酸化効果
・抗炎症効果
・抗がん効果
・抗メタボ効果
・抗糖尿病効果
・抗アレルギー効果

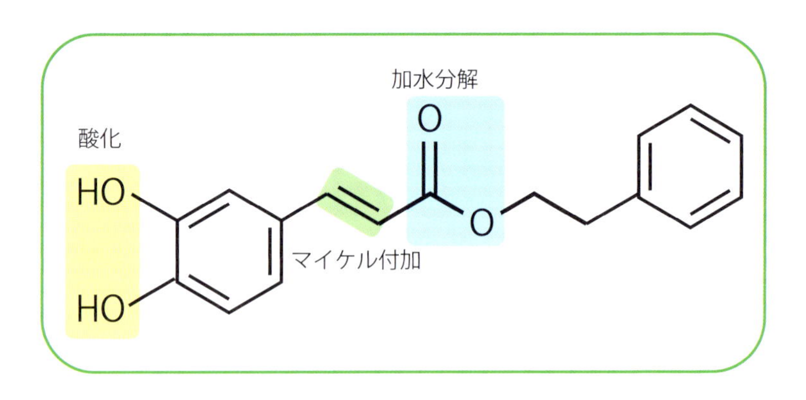

図1　NZプロポリスに含まれるCAPEの分子構造

プロポリスの問題点

プロポリスは高粘性の油状物質で加工する上で非常に取り扱いにくい原料です。さらに、独特の臭いと辛味はプロポリス加工食品の課題とされています。

また、CAPEはその構造上に複数の反応性部位を有している不安定な化合物であり、水溶性も低いことから体内への吸収性も低いと考えられます。

そこで、プロポリスの粉末化と風味改善およびCAPEの安定化と生体利用能の向上を目的として、γオリゴ糖を用いた検討を行いました。

本技術の原理と検討

プロポリスとγオリゴ糖を混ぜ合わせ、乾燥させることにより加工特性が向上したプロポリスγオリゴパウダーが得られました（**図2 左**）。次に、プロポリスの苦味について、γオリゴ糖の効果を調べました。プロポリスの苦味はポリフェノール類に由来し、これらはγオリゴ糖と相性が良い物質です。8人の試験者による官能評価の結果、γオリゴ糖が効果的にプロポリスの苦味をマスキングすることが分かりました（**図2 右**）。

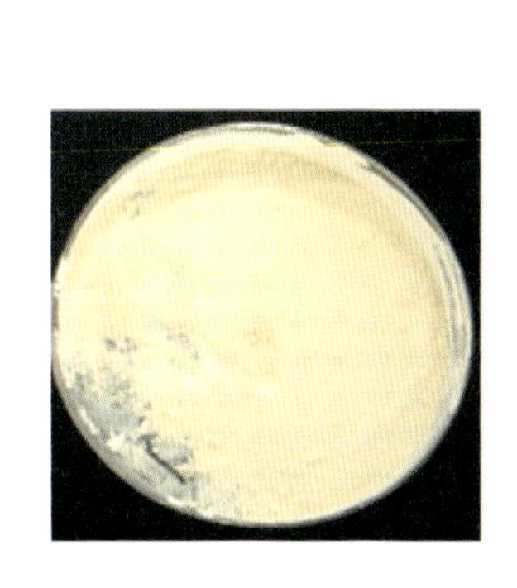

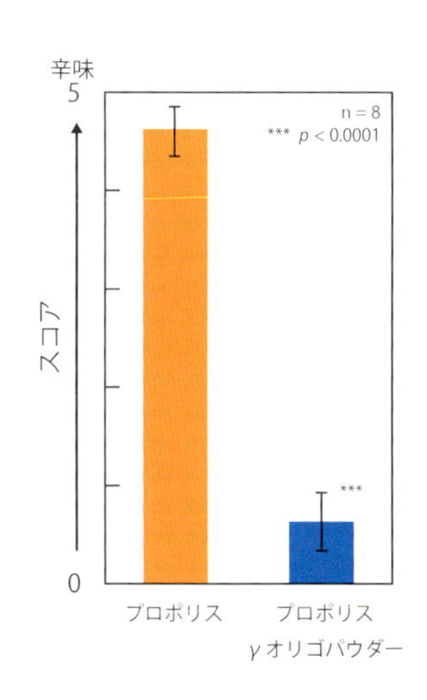

図2　γオリゴ糖によるプロポリスの粉末化（左）と苦味への影響（右）

次に、プロポリスが含有しているCAPEについて、CAPE γオリゴパウダーを作製し、その安定性を評価しました。実験の結果、CAPEの加水分解、マイケル付加および酸化反応に対する安定性がγオリゴパウダーとすることで向上することが分かりました（**図3**）。

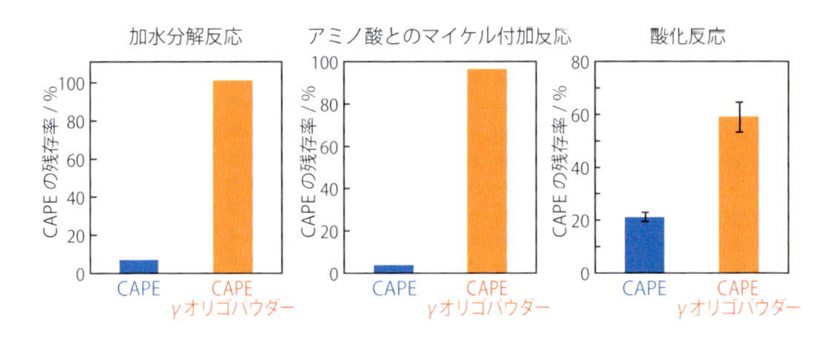

図3　γオリゴ糖によるCAPEの安定化　（引用文献2より改変）

次に、CAPEの吸収性について、γオリゴ糖による包接の効果を検討しました。一般的に、摂取された脂溶性物質は腸内で胆汁酸ミセルに取り込まれて体内に吸収されます。脂溶性物質はγオリゴ糖により効率良く分子レベルで胆汁酸ミセルへ取り込まれ、吸収性が向上することが明らかとなっています。

実験として、胆汁酸水溶液におけるCAPEの溶解性について調べました。胆汁酸水溶液にCAPEまたはCAPE γオリゴパウダーを加えた結果、γオリゴ糖による効果的なCAPEの溶解性の向上が示されたことから、生体利用能の向上が期待できます（**図4**）。

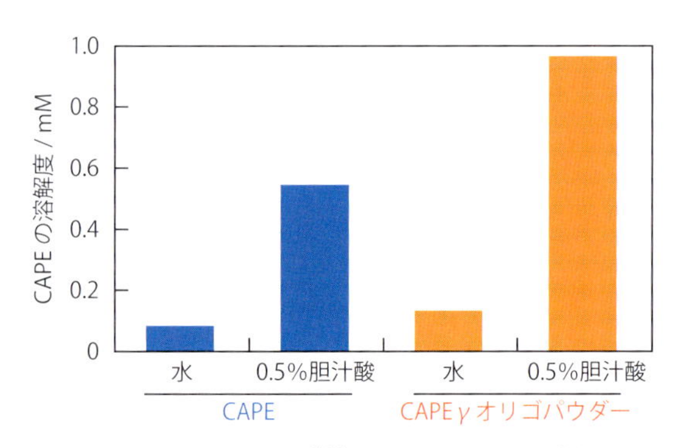

図4　γオリゴ糖によるCAPEの可溶化

そこで、がん細胞を移植したマウスにCAPEまたはCAPEγオリゴパウダーを経口投与し、飼育期間中の腫瘍体積の変化を追跡しました。その結果、CAPEと比較してCAPEγオリゴパウダーで高いがん細胞増殖抑制効果が観測され、γオリゴ糖によりCAPEの吸収性が向上し、抗がん作用が高まることが確かめられました（**図5**）[2)]。

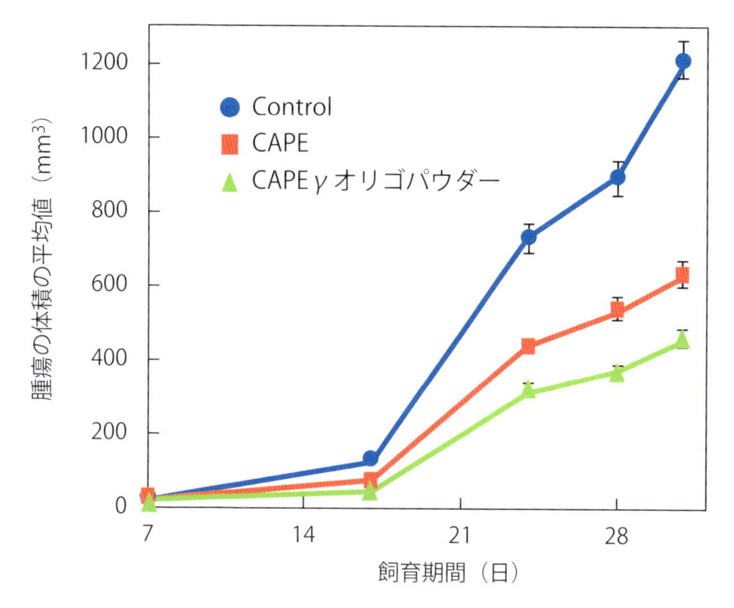

図5　CAPEγオリゴパウダーの抗がん活性（引用文献2より改変）

応用例や参考情報

プロポリスγオリゴパウダーは、プロポリスの好ましくない風味がマスキングされており、飲みやすい粉末として利用することができます。また、高い生体吸収性が期待できるCAPEをはじめとしたプロポリス成分を含有する素材として、新たなサプリメントやドリンクの開発にご利用いただけます。

引用文献

1）Y.J. Surh, *Nature Reviews Cancer*, 3, 768 (2003).

2）R. Wadhwa et al., *J. Cancer*, 7 (13), 1755 (2016).

(9) オタネニンジンの苦味低減とジンセノサイドの吸収性改善

オタネニンジンとは

オタネニンジンは、朝鮮人参、高麗人参とも呼ばれ、東洋医学では不老長寿の薬・万能薬として使われている生薬です。効能は滋養強壮、認知機能の向上、抗ストレス作用、抗がん作用、血管拡張作用などが知られています。

オタネニンジンの主成分はジンセノサイド（**図1左**）というステロールサポニンです。ジンセノサイドはそのままでは体内へ吸収されませんが、腸内細菌により代謝され、体内へ吸収可能なCompound K（**図1右**）となって効果を発揮することが知られています。

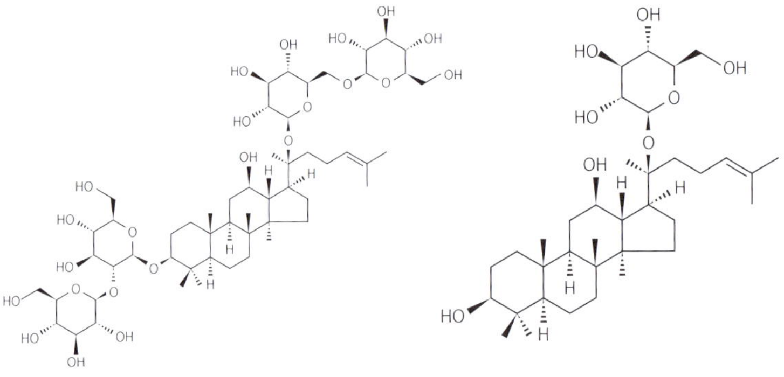

ジンセノサイド Rb1　　Compound K

図1　ジンセノサイドRb1（左）およびCompound K（右）の分子構造

オタネニンジンの問題点

オタネニンジンの苦味は生薬として摂取する上で問題となっています。また、Compound Kはジンセノサイドの吸収型ではありますが、水溶性が低く体内への吸収性も低い化合物であることが知られています。

問題点改善のための検討

これまでに、γオリゴ糖によるオタネニンジンの苦味への影響が報告されています。オタネニンジン粉末水溶液の苦味を、オタネニンジン粉末水溶液にγオリゴ糖を添加した場合と比較した結果、**図2**のようにγオリゴ糖がオタネニンジンの苦味をマスキングすることが分かりました[1)]。

さらに、Compound Kを包接しやすいγオリゴ糖を用いた吸収性向上の検討も報告されています。一般的に、摂取された脂溶性物質は腸内で胆汁酸ミセルに取り込まれて体内に吸収されます。脂溶性物質はγオリゴ糖に包接されると、非常に効率良く胆汁酸ミセルへ取り込まれ、吸収性が向上することが明らかとなっています。

そこで、SDラットにCompound KまたはCompound Kγオリゴパウダーを経口投与した結果、**図3**のようにCompound Kと比較してCompound Kγオリゴパウダーで最大血中濃度が高くなりました。このことから、γオリゴ糖がCompound Kの吸収性を向上させることが分かりました[2)]。

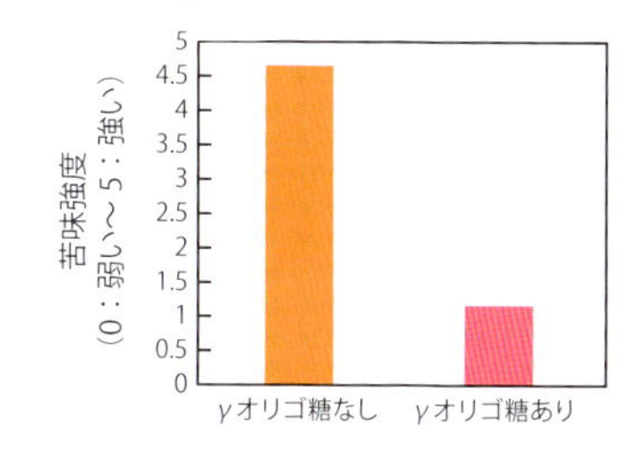

図2　γオリゴ糖によるオタネニンジンの苦味低減効果（引用文献1より改変）

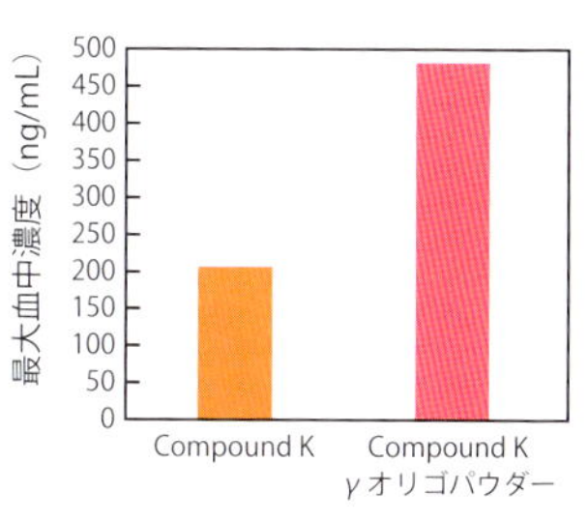

図3　γオリゴ糖によるCompound Kの吸収性の向上（引用文献2より改変）

応用例や参考情報

γオリゴ糖がオタネニンジンの苦味をマスキングし、Compound Kの吸収性を向上できるように、トリテルペノイドなどの他の苦味成分や脂溶性成分の中にも、γオリゴ糖包接化によって、苦味をマスキングし、吸収性を向上できる物質のあることが判明しています。

引用文献

1）L.C. Tamamoto et al., *J. Food Sci.*, 75 (7), 341 (2010).
2）K. Igami et al., *J. Pharm. Pharmacol.*, 68 (5), 646 (2016).

2. γオリゴ糖による機能性成分の安定化

(1) R-αリポ酸の安定化と吸収性改善

R-αリポ酸とは

αリポ酸は細胞内のミトコンドリア内にタンパク質に結合した形で存在し、エネルギー産生において補酵素として作用する物質です。抗酸化作用、抗加齢作用を有し、近年では抗糖化素材としても注目されています。αリポ酸は不斉炭素を有し、R体とS体の2種類の光学異性体が存在していますが、生体内にはR体のみが存在します（**図1**）。

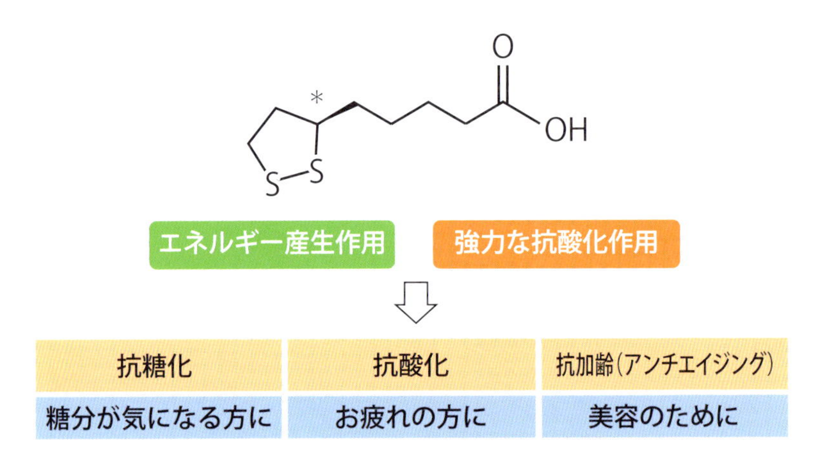

図1　R-αリポ酸の分子構造および訴求点

問題点と開発の目的

工業的にはR体とS体を等量ずつ含むラセミ体が製造されており、市販されているαリポ酸含有サプリメントや栄養補助食品にはこのラセミ体が使用されています。R体はラセミ体に比べ融点が低く極めて不安定で、酸や熱によってポリマー化しやすいためにR-αリポ酸を安定に配合することは困難でした。

そこで、R-αリポ酸の安定性改善と生体内への吸収性向上を目的として、γオリゴ糖を利用したR-αリポ酸γオリゴパウダーを開発しました。

本技術の原理と検討

R-αリポ酸はγオリゴ糖の空洞にフィットする分子構造をしており、γオリゴ糖によってR-αリポ酸を包接することで安定性や吸収性が向上します。

酸および熱に対する安定性の向上

薬局方・崩壊試験第1液（pH1.2）を人工胃液とし、その人工胃液にR-αリポ酸を含有する各試料を加えて1分間超音波分散させました。その懸濁液を37℃で60分間撹拌した後、溶液に含まれるR-αリポ酸の含有量をHPLCにて定量しました。人工胃液処理前のR-αリポ酸含有量に対する処理後の含有量の比率を残存率としました。その結果、R-αリポ酸では人工胃液中で大きなポリマーが生成し、残存率は43％でしたが、R-αリポ酸γオリゴパウダーではポリマーは確認されず、残存率は100％となりました（**図2**）[1)]。R-αリポ酸γオリゴパウダーは、R-αリポ酸およびR-αリポ酸Na塩よりも酸に対する安定性に優れていることが確認されました。

また、70℃の保存条件下での熱安定性に関しても、R-αリポ酸γオリゴパウダーの残存率は100%と非常に高く、R-αリポ酸やR-αリポ酸Na塩よりも高い安定性を示しました。

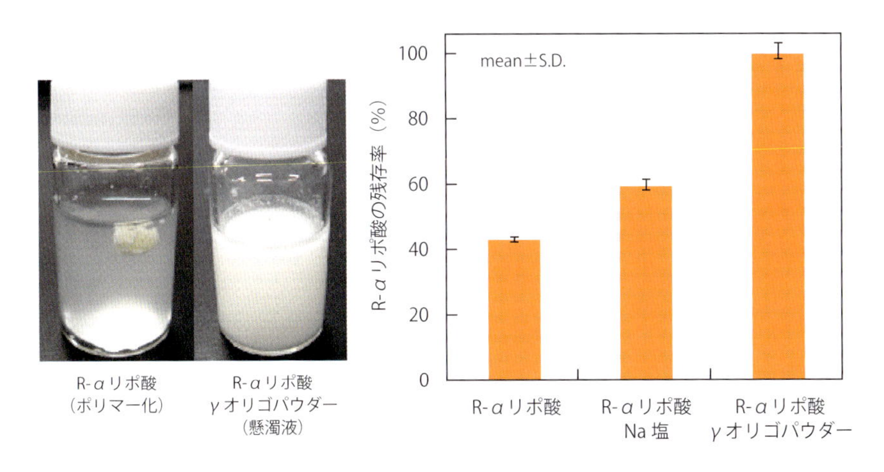

図2　人工胃液中でのR-αリポ酸のポリマー化（左）
およびR-αリポ酸の酸安定性（右）（引用文献1より改変）

吸収性の向上

健常男性（6名、20～45歳）にR-αリポ酸、もしくはR-αリポ酸γオリゴパウダー（R-αリポ酸として600 mg）を純水200 mLで経口投与しました。経時的に採血を行い、血漿中のR-αリポ酸濃度を測定しました。試験デザインは2群のクロスオーバー試験にて行いました。その結果、γオリゴ糖で包接することによってR-αリポ酸の吸収性が約2.5倍に向上しました（**図3**）[2)]。T_{max}が約20分であったことから、R-αリポ酸の吸収は速く、胃からも吸収されていることが示唆されました（**表1**）。また、R-αリポ酸、R-αリポ酸γオリゴパウダー共に、単回投与による副作用は観察されませんでした。

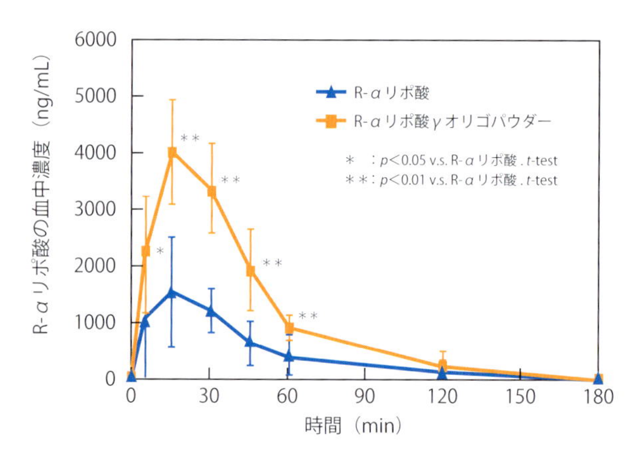

図3　R-αリポ酸の血中濃度の推移（n=6, mean±S.D.）（引用文献2より改変）

表1　R-αリポ酸の吸収性におけるγオリゴ糖の効果（引用文献2より改変）

		C_{max} (ng/mL)	$AUC_{0\rightarrow180\,min}$ (ng・min/mL)	T_{max} (min)	$T_{1/2}$ (min)
R-αリポ酸	Mean	1678.3	78043.6	20.8	38.9
	S.D.	1008.9	43459.9	10.7	12.2
R-αリポ酸γオリゴパウダー	Mean	4101.9**	195884.1**	17.5	23.3
	S.D.	959.3	17667.6	6.1	10.3

（n=6, mean±S.D., **：$p < 0.01$ v.s. R-αリポ酸, t-test）

味覚改善効果

20～60代の健康な男女15名（男 8名、女 7名）に、R-αリポ酸γオリゴパウダー、もしくはR-αリポ酸-結晶セルロース混合物（共にR-αリポ酸を約11%含む）50mgを口に含み、舌および喉に感じるαリポ酸特有のヒリヒリする感覚（辛辣味）を評価してもらいました。被験者には内容物を開示せずにサンプルを提供しました。辛辣味が全く感じられない場合を0とし、辛辣味がある場合に1（ほとんど感じられない）～10（非常に強い）の10段階としました。その結果、γオリゴ糖で包接することによってR-αリポ酸の辛辣な味覚が低減されることが分かりました（**図4**）。

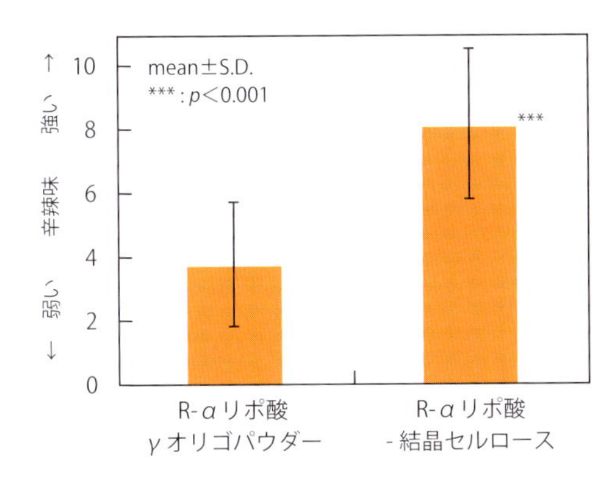

図4　R-αリポ酸の官能評価試験（n=15, mean±S.D.）

参考情報

R-αリポ酸γオリゴパウダーの吸収性向上によって、R-αリポ酸が本来持っている糖代謝による抗糖尿病作用、エネルギー産生作用、インスリン抵抗性改善による非アルコール性脂肪性肝炎（NASH）の予防効果といった機能性が高まることも確認されています[3]。

引用文献

1） N. Ikuta et al., *Int. J. Mol. Sci.*, 14 (2), 3639 (2013).
2） N. Ikuta et al., *Int. J. Mol. Sci.*, 17 (6), 949 (2016).
3） 寺尾啓二ら, *食品と開発*, 49 (12), 81 (2014).

（2）魚油の酸化安定性の向上と臭気低減

魚油とは

魚油（FO）にはドコサヘキサエン酸（DHA）やエイコサペンタエン酸（EPA）といった多価不飽和脂肪酸が豊富に含まれ、心血管疾患や糖尿病リスクの低減、がんや認知症の予防効果などが期待されます（**図1**）[1)]。DHA、EPAの1日の摂取推奨量は1 gとされていますが、これはイワシ一匹丸ごとに含まれる量に相当します。しかも、DHAやEPAは酸化されやすく、加熱調理や、空気に曝されることでもその機能性を失うので、通常の食事で摂取することは困難です。そこで、DHAやEPAをサプリメントで摂取することが推奨されています。

図1　DHA（左）、EPA（右）の分子構造

魚油サプリメントの問題点

FOを含むサプリメントではDHAやEPAの酸化を防ぐため、抗酸化物質の配合や、ソフトカプセルの利用といった手法が取られています。しかし、その効果は充分でなく、酸化されたDHAやEPAが不快臭を発したり、過酸化脂質として安全性に問題が生じたりします[2)]。

本技術の原理と検討

γオリゴ糖の利用はFO中のDHAやEPAを酸化から保護するためのより強力な手段となります。実際の試験として、FO、FO-抗酸化剤混合物、FO γオリゴパウダー、FO-抗酸化剤（ビタミンC+E）γオリゴパウダーを用いて、それぞれを酸化させたときの酸化にかかる時間（インダクションタイム）を評価しました。その結果、FO-抗酸化剤γオリゴパウダーではFO単独に比べてインダクションタイムが15倍以上延長され、FO成分の空気酸化からの保護においてγオリゴ糖が非常に有効であることが示されました（**図2a**）[3]。

また、FO、FOγオリゴパウダー、FO-抗酸化剤γオリゴパウダーについて、それぞれ110℃、3.5時間加熱して酸化を促した後、容器中に充満した臭気について16人の被験者に不快臭強度（0～5；値が大きいほど不快）を判定してもらいました（ブラインド試験）。その結果、FO-抗酸化剤γオリゴパウダーでFOの不快臭を大きく低減できることが示されました（**図2b**）。

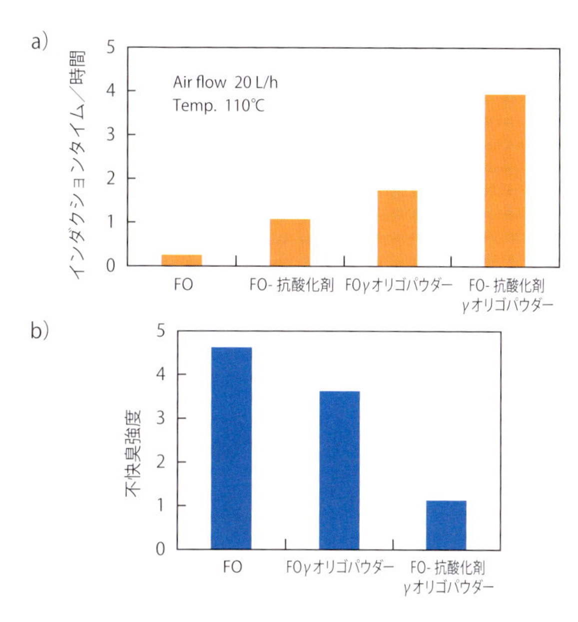

図2　FOの a）酸化安定性試験（引用文献3より改変）、b）臭気評価

応用例や参考情報

γオリゴ糖を用いることは酸化安定性や臭気の問題を解決した新たなFO含有製品の開発に役立ちます。さらにFOをパウダー化することができ、取り扱いが容易になることも大きな特徴の一つです。

引用文献

1）厚生労働省,*「日本人の食事摂取基準（2015年版）」策定検討会報告書*, 121 (2014).

2）木村友紀ら, *北海道大学水産科学研究彙報*, 54 (3), 53 (2003).

3）佐藤慶太ら, *第34回シクロデキストリンシンポジウム講演要旨集*, 292 (2017).

(3) クリルオイルの酸化安定性の向上と臭気低減

クリルオイルとは

魚油と同様にω3系脂肪酸を豊富に含む食品としてクリルオイル（KO）が挙げられます。ナンキョクオキアミから抽出されるKOには、魚油に含まれるトリグリセリド型ω3系脂肪酸とは異なり、ω3系脂肪酸がリン脂質結合型で含まれています（**図1**）。リン脂質結合型ω3系脂肪酸は分子構造中にリン酸エステルの親水基を持つため、より体内への吸収性が高く、脳機能改善、認知症予防、心疾患予防、月経前症候群や更年期障害の緩和などの効果が期待できる次世代型ω3系脂肪酸として注目されています[1]。

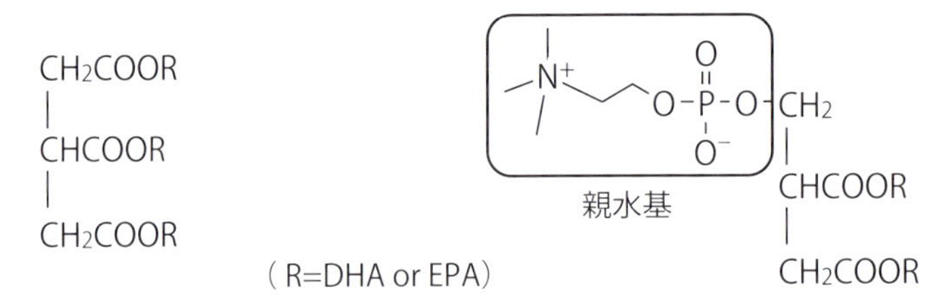

図1　トリグリセリド型（左）とリン脂質結合型（右）ω3系脂肪酸

クリルオイルの問題点

様々な健康増進効果が期待できるKOですが、トリメチルアミンなどに由来する特有の臭気や、ω3系脂肪酸の酸化によって発生する臭気がサプリメントや機能性飲料を開発する上で問題となっています。

本技術の原理と検討

γオリゴ糖は包接能により臭気成分の消臭とω3系脂肪酸の酸化安定性を向上させることができます。よってγオリゴ糖の利用は上記のKOの臭気の問題を効果的に解決できる手段となります。

実際の検討として、KO、KO-抗酸化剤混合物、KOγオリゴパウダー、KO-抗酸化剤γオリゴパウダーを用いて、それぞれの酸化にかかる時間（インダクションタイム）を評価しました。その結果、KO-抗酸化剤γオリゴパウダーではKO単独に比べてインダクションタイムが200倍以上延長され、KOの酸化安定性の向上においてγオリゴ糖が非常に有効であることが示されました（**図2a**）。

また、KO、KOγオリゴパウダー、KO-抗酸化剤γオリゴパウダーの臭気についてハンディにおいモニターで臭気強度を評価しました。その結果、KO-抗酸化剤γオリゴパウダーでKOの臭気を検出限界以下に低減できることが示されました（**図2b**）[1, 2]。

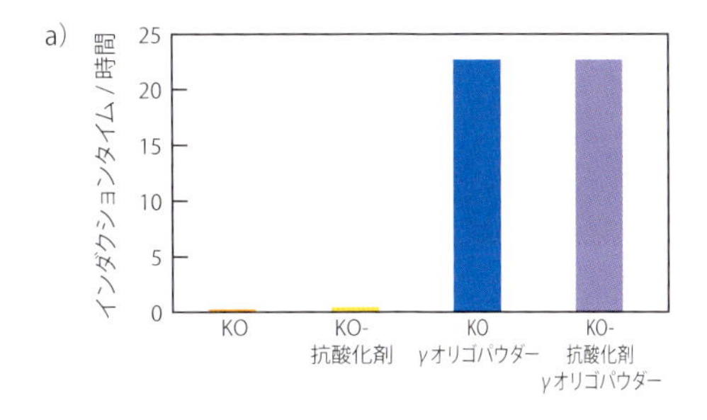

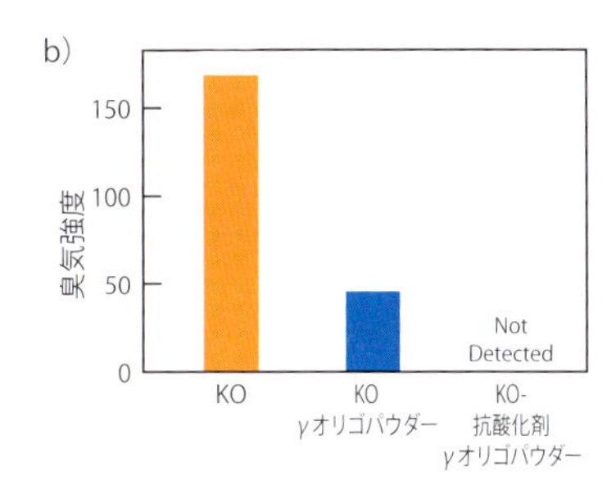

図2　KOの a）酸化安定性試験、b）臭気評価（引用文献1, 2より改変）

応用例や参考情報

γオリゴ糖を用いることは酸化安定性や臭気の問題を解決した新たなKO含有食品や飲料の開発に役立ちます。さらにKOをパウダー化することができ、取り扱いが容易になることも大きな特徴の一つです。またγオリゴ糖による上記の効果は様々な不飽和脂肪酸含有素材に対し同様に期待できます。

引用文献

1）佐藤慶太ら, *食品機能性成分の安定化技術*, 166 (2016).

2）佐藤慶太ら, *第31回シクロデキストリンシンポジウム講演要旨集*, 204 (2014).

(4) 牡蠣肉粉末の臭気低減

牡蠣肉粉末

牡蠣肉にはタウリン、核酸関連物質、亜鉛や鉄などのミネラル、グルタチオン、グリコーゲン、ビタミンB群、アミノ酸など、健康維持に欠かせない有用成分が多く含まれています（**図1**）。豊富な栄養素を含むことから牡蠣肉は“海のミルク”とも呼ばれ、完全栄養食品とされています。牡蠣肉に含まれる栄養素は滋養強壮や美肌の効果、糖尿病の予防・改善などにも有効とされ、粉末化された牡蠣肉を使用したサプリメントや健康食品が数多く市販されています[1)]。

図1　牡蠣肉の代表成分と効能

牡蠣肉粉末の問題点

牡蠣肉を粉末化することで、少量で効率良く牡蠣の栄養素を摂取することが可能になります。しかし、牡蠣肉の粉末化により牡蠣肉の独特の生臭さが強調されてしまい、サプリメントとしての摂取を敬遠される方もいます。

本技術の原理と検討

環状オリゴ糖は包接能により臭気成分を消臭できます。よって環状オリゴ糖の利用は上記の牡蠣肉の臭気の問題を効果的に解決できる手段となります。

実際の検討として、牡蠣肉エキス2 gとα，β，γオリゴ糖20 gを混合してそれぞれをパウダー化しました。この3種の牡蠣肉エキスオリゴパウダーについて500 mgを、また、牡蠣肉のみの場合は50 mgをガラスバイアル瓶に取り、3日間室温で静置した後の容器内の臭気強度について、固相マイクロ抽出法によるガスクロマトグラフィー分析を行いました。この結果、いずれの牡蠣肉エキスオリゴパウダーでも牡蠣肉の臭気を80%以上低減できました（**図2**）。特に牡蠣肉エキスγオリゴパウダーでは牡蠣肉の臭気を90%以上低減できることが示されました。

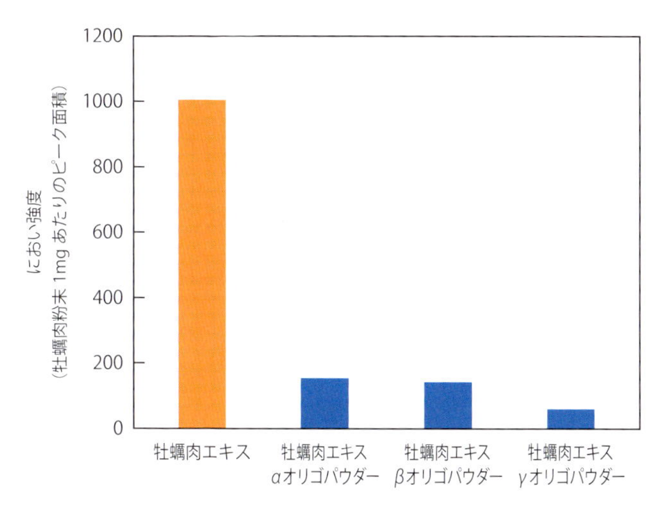

図2　環状オリゴ糖による牡蠣肉臭の低減（引用文献3より改変）

応用例や参考情報

γオリゴ糖を用いることは臭気の問題を解決した新たな牡蠣肉含有製品の開発に役立ちます。牡蠣の他にも、ハム・ソーセージ、マトン肉、かまぼこ、数の子、イカの塩辛といった畜産・水産製品の臭いや、大豆製品の青臭さ、ニンニク臭に対しても環状オリゴ糖による消臭効果が確認されています[2, 3]。

引用文献

1）渡辺貢, *かき研究所ニュース*, 22, 10 (2008).

2）橋本仁, *調理化学*, 19 (1), 29 (1986).

3）四日洋和, *シクロデキストリンの応用技術*, 121 (2008).

3. γオリゴ糖の機能性

（1）γオリゴ糖によるグルコース徐放と持久力の向上

スポーツ栄養におけるグルコース徐放の意義

糖分、特にブドウ糖とも呼ばれているグルコースは運動中に体を動かすエネルギーとなるため、運動を行う上で非常に重要です。グルコースは体内において肝臓や筋肉にグリコーゲンという形で蓄積されています。グリコーゲンはグルコースが連なった構造をしていますが、運動などの負荷によって分解されることで、血中にグルコースを供給しています。

マラソンなどの持久走では、このグリコーゲンの枯渇によって血中グルコースが低下してしまい、後半に走るためのエネルギーを確保できなくなります。そのため、長時間の運動時には血中へゆっくりグルコースを供給（グルコースの徐放）できる糖質の摂取が持久力の向上に繋がります。

γオリゴ糖のグルコース徐放特性

γオリゴ糖は消化酵素によってグルコースまで分解されますが、その消化性がゆるやかであることが知られています。図1は、ショ糖とγオリゴ糖を摂取した際の血糖値を表しており、ショ糖と比べてγオリゴ糖のグルコースへの変換速度は遅く、γオリゴ糖は血中へゆっくりとグルコースを供給するグルコース徐放性があることが分かります[1, 2]。この特性から、スポーツなどにおける長期的な栄養補給としてγオリゴ糖が利用できる可能性があります。

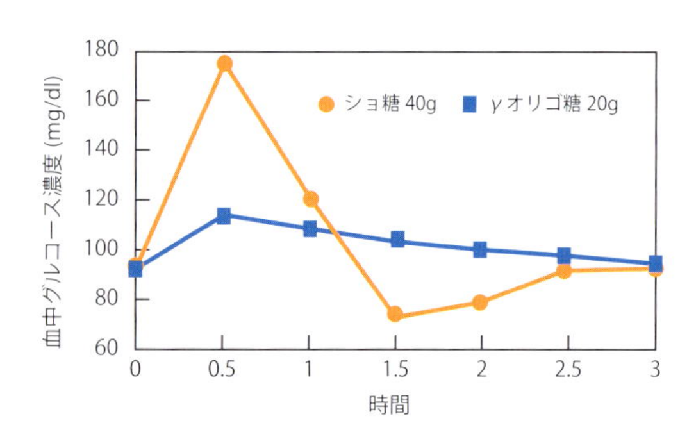

図1　γオリゴ糖が血糖値に与える影響（引用文献2より改変）

γオリゴ糖による遊泳持久力の向上

マウスを使って、γオリゴ糖の遊泳持久力に対する効果を検討した結果を**図2**に示しています。マウスにグルコースまたはγオリゴ糖を投与し、京大松元式遊泳装置を用いて遊泳持久力を測定しました。その結果、グルコースを投与したマウスと比較して、γオリゴ糖を投与したマウスでは、遊泳時間の延長がみられました。この結果は、γオリゴ糖が長期的な運動における栄養補給源として有用であることを示しています。

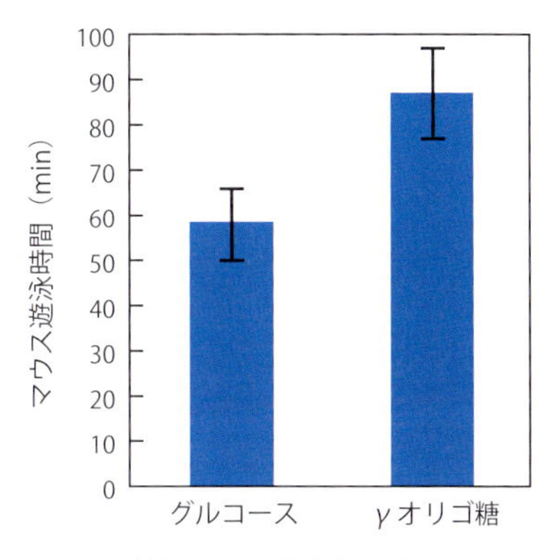

図2　γオリゴ糖による遊泳持久力への影響

応用例や参考情報

環状構造を持つγオリゴ糖は、ショ糖だけでなくデキストリンよりもグルコースの供給がゆるやかで、インスリンが上がりにくいことが報告されています[3)]。そのため、γオリゴ糖は持久力が必要なスポーツに対する栄養補給用のドリンクや食品に応用できます。また、γオリゴ糖は、様々な物質と組み合わせることで、その物質の吸収性を促進することができます。なかでも、CoQ10は、エネルギー産生に関わる物質でスポーツニュートリションとして注目されています。γオリゴ糖とCoQ10を組み合わせたCoQ10γオリゴパウダーは、1カ月のトレーニング効果を増進させ、筋肉の損傷を防ぐ効果があることが分かっています。γオリゴ糖はCoQ10と組み合わせることにより、より良いスポーツニュートリションとして応用できます[4)]。

引用文献

1） 中田大介ら, *第32回日本臨床栄養学会総会・第31回日本臨床栄養協会総会・第8回大連合大会講演要旨集*, 165 (2010).

2） 寺尾啓二, *ILSI*, 90 (2007).

3） M.L. Asp et al., *J. Am. Coll. Nutr.*, 25 (1), 49 (2006).

4） 寺尾啓二ら, *食品と開発*, 47 (8), 80 (2012).

(2) リンゴ果皮からのウルソール酸の抽出

リンゴ果皮に含まれるウルソール酸

リンゴ果皮には、機能性のトリテルペンとして知られるウルソール酸が含まれています。

ウルソール酸は筋肉増強作用、血糖値上昇抑制作用、抗炎症作用、コラーゲンの再構築といった種々の生理活性を示すことから、健康食品産業において魅力的な素材として注目されています。

問題点とその解決方法

リンゴ果皮の表面は天然のワックス成分でコーティングされており、ウルソール酸はワックス成分の中に含まれています。また、ウルソール酸は水溶性が低いことから、水抽出が困難です。そういったことから、リンゴ果皮をそのまま食べたとしても、ウルソール酸が吸収されることは期待できません。

これまでに環状オリゴ糖によるブドウ果皮中のポリフェノール類の水抽出法など、環状オリゴ糖を用いることで夾雑系から選択的に目的の脂溶性成分を包接し取り出す方法が見出されています[1)]。食品分野では、このような環状オリゴ糖による抽出技術は、有機溶剤による抽出の代替技術として利用されています。

そこで、私たちは、リンゴ果皮に含まれるウルソール酸の水溶性を向上させる手段として、環状オリゴ糖の分子認識能および水溶性向上効果に着目しました。

以下、検討した項目です。

- γオリゴ糖によるリンゴ果皮からのウルソール酸の水抽出

- ウルソール酸吸収性の高いリンゴジャムの作製

本技術の原理と検討

ウルソール酸はγオリゴ糖の空洞にフィットする分子構造をしており、包接されたウルソール酸は水溶性が向上する性質を示します。

γオリゴ糖を用いたリンゴ果皮中のウルソール酸の水抽出について検討した結果を**図1**に示します。リンゴ果皮を水またはγオリゴ糖水溶液へ加えたところ、γオリゴ糖を用いることでウルソール酸を抽出できることが分かりました。

図2は、生体吸収性の指標となる人工腸液におけるγオリゴ糖含有リンゴジャム中のウルソール酸の溶解性について調べたものです。γオリゴ糖含有リンゴジャムは、リンゴの芯を除いて皮ごとミキサーにかけたものにγオリゴ糖を添加し、それを煮詰めて作製しました。人工腸液へγオリゴ糖含有リンゴジャムまたはγオリゴ糖を含有しないリンゴジャムを加えた結果、γオリゴ糖が効果的にリンゴジャム中のウルソール酸の溶解性を向上させることが分かりました。

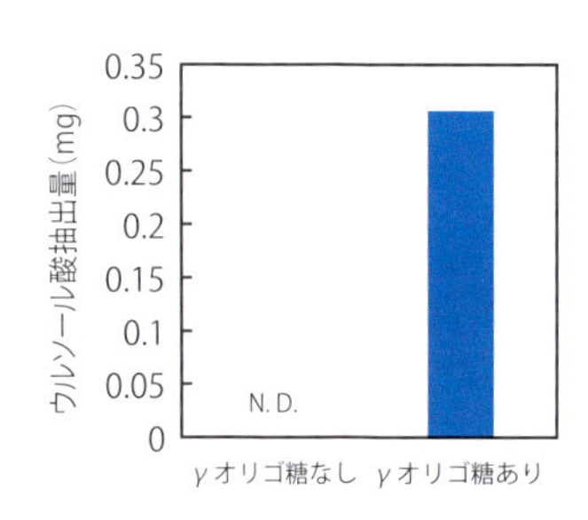

図1　γオリゴ糖による リンゴ果皮からの ウルソール酸の抽出

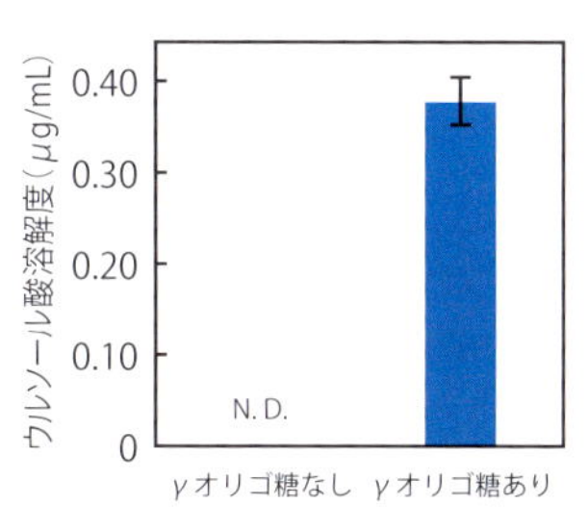

図2　γオリゴ糖による人工腸液における リンゴジャム中ウルソール酸の 溶解性への影響

応用例や参考情報

本技術は、リンゴ中のウルソール酸だけではなく、例えばブドウ中のオレアノール酸や、シークワーサー中のノビレチンなど、γオリゴ糖と相性の良い様々な有用物質の水抽出およびバイオアベイラビリティの向上が期待できる製品開発に利用できると考えられます。

引用文献

1）C.C. Ratnasooriya et al., *Food Chem.*, 134 (2), 625 (2012).

(3) ギムネマ・シルベスタの糖吸収抑制効果と苦味低減

ギムネマ・シルベスタとは

ギムネマ・シルベスタは、インドや中国に自生するガガイモ科に属する植物です。

ギムネマ・シルベスタにはギムネマ酸という機能性トリテルペン配糖体が含まれています（**図1**）。ギムネマ酸には腸管における糖吸収抑制効果があることから、ギムネマ・シルベスタは肥満防止や糖尿病予防に有効なハーブとして知られています（**図2**）[1]。

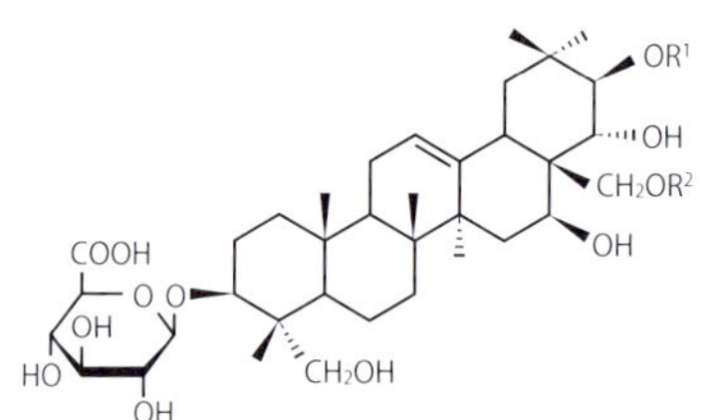

	R1	R2
ギムネマ酸Ⅰ	チグロイル	アセチル
ギムネマ酸Ⅱ	2-メチルブチロイル	アセチル
ギムネマ酸Ⅲ	2-メチルブチロイル	H
ギムネマ酸Ⅳ	チグロイル	H

図1　ギムネマ酸の分子構造

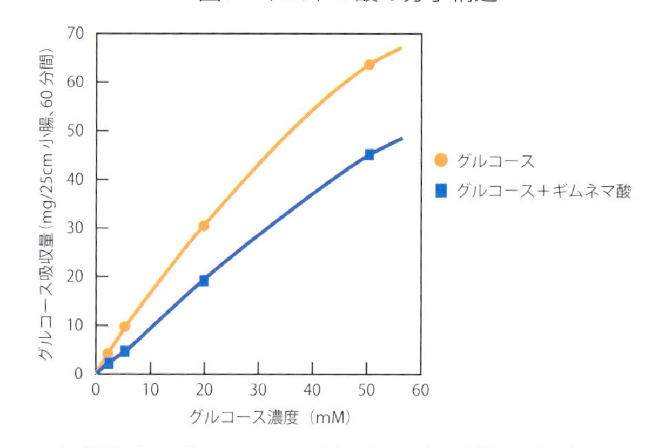

図2　各種濃度のグルコースにギムネマ酸を添加した時の小腸へのグルコース吸収量に及ぼす影響（引用文献1より改変）

ギムネマ・シルベスタの問題点

ギムネマ・シルベスタ抽出物（Gex）はその有効性が認識されているにも関わらず、その収斂性のある苦味が摂取する上で問題となっています。

そこで、Gexの苦味のマスキングを目的として、γオリゴ糖の包接によるGexの苦味への影響について検討しました。

γオリゴ糖の包接による苦味への影響についての検討

Gexの苦味をGexにα、β、γオリゴ糖を添加した場合と比較した結果、γオリゴ糖を添加した場合にGexの苦味が著しく減少しました（**図3**）。このことから、γオリゴ糖が効果的にGexの苦味をマスキングすることが分かりました。

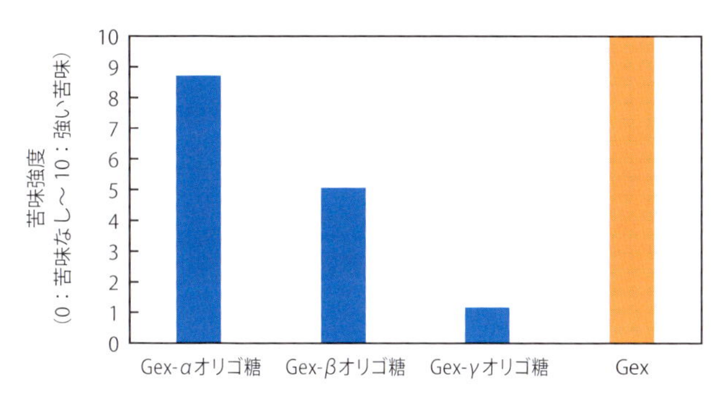

図3　環状オリゴ糖によるGexの苦味低減効果

応用例や参考情報

Gexの苦味がγオリゴ糖によってマスキングされたように、苦味成分であるポリフェノール類やトリテルペン配糖体の中で他にも同様に、γオリゴ糖に包接させることで、それらの苦味を低減できる成分が見出されています。

引用文献

1）　吉岡伸一, *米子医学雑誌*, 37 (2), 142 (1986).

監修者紹介

■寺尾 啓二（てらお けいじ）
工学博士　専門分野：有機合成化学
シクロケムグループ（株式会社シクロケム、株式会社コサナ、株式会社シクロケムバイオ）代表
神戸大学大学院医学研究科 客員教授
神戸女子大学健康福祉学部 客員教授

ラジオNIKKEI 健康ネットワーク　パーソナリティ　http://www.radionikkei.jp/kenkounet/
ブログ　まめ知識（健康編）　http://blog.livedoor.jp/cyclochem02/
ブログ　まめ知識（化学編）　http://blog.livedoor.jp/cyclochem03/

1986年、京都大学大学院工学研究科博士課程修了。京都大学工学博士号取得。ドイツワッカーケミー社ミュンヘン本社、ワッカーケミカルズイーストアジア株式会社勤務を経て、2002年、株式会社シクロケム設立。2012年、神戸大学大学院医学研究科 客員教授、神戸女子大学健康福祉学部 客員教授に就任。専門は有機合成化学。

著書
『食品開発者のためのシクロデキストリン入門』　日本食糧新聞社
『化粧品開発とナノテクノロジー』共著　シーエムシー出版
『機能性食品・サプリメント開発のための化学知識』　日本食糧新聞社
『日本人の体質に合った本当に老けない食事術』　宝島社　　　ほか多数

著者紹介

■上梶 友記子（うえかじ ゆきこ）
博士（農学）　専門分野：食品化学、分析化学
株式会社シクロケムバイオ　テクニカルサポート　主席研究員

株式会社シクロケム　ホームページ　http://www.cyclochem.com/
株式会社シクロケムバイオ　ホームページ　http://www.cyclochem.com/cyclochembio/

2004年、株式会社シクロケムのグループ企業である株式会社テラバイオレメディック（現 株式会社シクロケムバイオ）入社。同社にてγオリゴ糖を用いた機能性脂溶性物質の可溶化と安定化に関する研究に従事しつつ、2015年、愛媛大学大学院連合農学研究科博士課程修了。愛媛大学農学博士号取得。専門は食品化学と分析化学。

著書
『シクロデキストリンの応用技術』共著　シーエムシー出版
『シクロデキストリンの科学と技術』共著　シーエムシー出版
『食品機能性成分の安定化技術』共著　シーエムシー出版

環状オリゴ糖シリーズ			
	1	スーパー難消化性デキストリン “αオリゴ糖”	スーパー難消化性デキストリンであるαオリゴ糖の基本情報、優れた機能を一冊にまとめて紹介します。
	2	αオリゴパウダー入門	スーパー難消化性デキストリンであるαオリゴ糖は食物繊維としての能力を持つだけではありません。機能性食品素材の様々な問題点を同時に解決する、αオリゴ糖を利用した機能性食品素材粉末を紹介します。
	3	マヌカαオリゴパウダーのちから	マヌカαオリゴパウダーの相乗的な抗菌活性、スキンケア効果、抗肥満作用、骨の健康増進作用、腸内環境改善効果など、健康・美容効果に関する研究成果について紹介します。
	4	αオリゴ糖の応用技術集	αオリゴ糖によるフレーバーやタンパクの安定化技術やポリフェノールの水溶化技術に関する検討例をはじめ、マヌカハニーとの組み合わせによる相乗的な抗菌効果、乳化技術や味覚改善、αオリゴ糖摂取時の機能性など、バラエティーに富んだ応用について紹介します。
	5	γオリゴ糖の応用技術集	γオリゴ糖による機能性成分の生体利用能の改善効果に関する検討例をはじめ、機能性成分の安定化に伴う味覚や臭気の改善作用、γオリゴ糖自身の機能性としてグルコースの徐放特性など、バラエティーに富んだ応用について紹介します。

健康・化学まめ知識シリーズ			
	1	ヒトケミカルでケイジング (健康的なエイジング) ～老いないカラダを作る～	ヒトケミカルとはヒトの生体内で作られている生体を維持するための機能性成分。CoQ10、R-αリポ酸、L-カルニチンの三大ヒトケミカルを積極的に補い、ケイジング（健康的なエイジング）を目指しましょう。
	2	スキンケアのための科学	市場に出ている多くのスキンケア商品の中から、その機能性成分の効果を十分に発揮できるような商品を選ぶ知識を持つことが必要です。本書はそのための実践的な第一歩となります。
	3	筋肉増強による基礎代謝の改善	運動と筋肉増強に有効な機能性成分を摂取することで基礎代謝の改善、筋肉増強、筋力の低下を防ぐ機能性成分に注目し、スポーツ栄養学を探ります。

健康・化学まめ知識シリーズ			
	4	脳機能改善のための栄養素について	認知症を中心に有効なn3多価不飽和脂肪酸をはじめクリルオイル、δトコトリエノール、R-αリポ酸、L-カルニチン、CoQ10などさまざまな機能性成分をとりあげて新しい栄養学を模索していきます。
	5	文系のための有機化学講座	グルコースからはじまり地球環境問題まで、文系でも知って得する"まめ"知識、興味の沸く内容をわかりやすく解説します。
	6	脂肪酸の種類と健康への影響	飽和脂肪酸と不飽和脂肪酸の包括的な健康への影響、オレイン酸、ω3系、ω6系、共役リノール酸などそれぞれの脂肪酸の代表的な物質、そして話題となっている個々のオイルについての健康まめ知識です。
	7	ヒトケミカル ―カラダの機能を調節して健康寿命を延ばす―	三大ヒトケミカル（CoQ10、R-αリポ酸、L-カルニチン）は、何れもミトコンドリア内でエネルギー産生に関わるとともに、抗酸化物質としても働きます。ミトコンドリアと三大ヒトケミカルについて、健康機能性栄養素としてのヒトケミカルの重要性、ヒトケミカルを組み合わせたときの相乗効果をも明らかにします。
	8	機能性栄養素ヒトケミカルQ&A ―美容、スポーツパフォーマンス、生活習慣病、真の介護予防のために―	家族とともに幸せな人生を送るためには真の介護予防が必要であり、その鍵を握っているのがヒトの生体内で作られる機能性栄養素の「ヒトケミカル」です。本書では、ヒトの代謝に不可欠な成分である「ヒトケミカル」をまず理解していただくためにわかりやすいQ&Aにまとめました。
	9	ミトコンドリアとヒトケミカル	ミトコンドリアの中でヒトケミカルはエネルギー産生に関与するだけではなく、抗酸化作用で活性酸素を消去し細胞活性を維持します。本書はミトコンドリアをできるだけわかりやすく解説し、ヒトの健康維持に対するヒトケミカルの重要性を解き明かします。